博雅莲花书坊

U0683447

尘世·悟语

华君 ◎ 编著

淡定与舍得的智慧

中国华侨出版社

图书在版编目(CIP)数据

尘世悟语:淡定与舍得的智慧/华君编著. —北京:
中国华侨出版社,2013.3
ISBN 978-7-5113-3400-8

Ⅰ.①尘… Ⅱ.①华… Ⅲ.①人生哲学—通俗读物
Ⅳ.①B821-49

中国版本图书馆 CIP 数据核字(2013)第 053611 号

●尘世悟语:淡定与舍得的智慧

编　　著/华　君
策　　划/刘凤珍
责任编辑/棠　静
责任校对/孙　丽
装帧设计/玩瞳装帧
经　　销/全国新华书店
开　　本/710×1000　1/16　印张16　字数 200 千字
印　　刷/北京中印联印务有限公司
版　　次/2013 年 5 月第 1 版　2013 年 5 月第 1 次印刷
书　　号/ISBN 978-7-5113-3400-8
定　　价/30.00 元

中国华侨出版社　北京市朝阳区静安里 26 号通成达大厦 3 层　邮编:100028
法律顾问:陈鹰律师事务所
编辑部:(010)64443056　64443979
发行部:(010)64443051　传真:(010)64439708
网　　址:www.oveaschin.com
E-mail:oveaschin@sina.com

序　言

当前，社会生活在显示其丰富的内容时，也让人感到了它的繁杂。与此同时，许多来自工作、生活、学习上的压力，使得越来越多的人感到生活的空虚、精神的焦虑，就如同迷失于风沙中的羔羊，不知如何去面对尘世纷扰。为了摆脱这种种苦恼，人们开始四处寻医问方，渴望找到治疗心灵疾苦的灵丹妙药。

其实，只要我们常怀悲悯之心则恶念不生，人便活得踏实、平和。善与恶、爱与恨在人的心里此消彼长，你必须谨慎把持，以使善心常驻。快乐或者烦忧，不在于你的生活中发生了什么事情，而在于你对待这些事情的态度。只要自己放下烦恼，抛开杂念，就能求得心灵的宁静和人生的快乐。我们要舍得和放下，但习惯了"拿起"的人们，让他"放下"谈何容易？况且，他能放下手上、肩上的重负，能放得下心里的牵绊吗？心中有事世间小，心中无事一床宽，欲求心灵解脱的人，不能不警醒。平常之人常有，平常之心难得，反过来讲，正是因为心难平常，人才变得如此平常。

在生活节奏加快、生存压力日趋增大的今天，每个人都要承受这样或那样的压力和痛苦。因此，人们的内心常会有一种惴惴不安的感觉，有时甚至不知道自己身在何处！中国传统文化是这样地博大精深、妙不可言，而人生又是如此地迷雾重重、坎坷曲折。如何让它更好地指点我们做人做事，点悟我们的人生？如何在出世与入世之间寻得一种平衡？

当你默默独处时，有没有听到内心深处对于宁静的呼唤？当你面对脆弱的生灵，有没有感受到一种悲悯的情怀？当你面对挑衅与误解，有没有容忍与退让的闪念？如果有，那就是打开智慧之门的钥匙。不管你有多忙、有多累，不管你的生活如何受制于尘世中的名缰利锁，只要你学得为人处世的智慧，你就能够修得人生正果。

本书以中国传统文化的精髓为基础，以感悟人生的高超智慧为核心，融合了各家思想的精华，从正确认识自己，把握处世分寸，坚持为人原则，加强品德修炼，努力奋发向上，掌握生活智慧，端正工作态度，享受自由快乐等方面出发，通过经典的故事、浓缩的智慧精华，全方位展示人生的智慧，以更贴近生活，满足读者的精神需求。

世事洞明皆学问，人情练达即文章。本书是对人生智慧的通俗而实用的阐释，是每个人生活的指南、工作的助手，是通往幸福美满人生的桥梁。如果将这些智慧普遍地融入生活和工作当中，有助于把生活、工作推向更高的意境，使你的精神生活更充实，物质生活更高雅，道德生活更圆满，感情生活更纯洁，人际关系更加和谐！

目　　录

物随心转，境由心造，烦恼皆由心生。心态的不同必然导致人格和作为的不同，因而也会谱写不同的人生，所以，"心明眼亮"就如同点燃了理想和希望。

最有意义的人生不是别人给予我们的，而是自己赋予人生一定的意义。这才是最有意义的人生，因为只有这样的人生才是最主动的、最有生命力的。生活中我们处处都要留心机会，抓住机会，一点一滴地努力，不断地作出成绩，最后厚积薄发，达到我们想要的理想和境界。

第三章　珍惜当下，知足常乐 / 052

知足是对自己有全面的认识之后，知道自己的能力和才学能达到何种程度和境界而做出的一种达观的认知。没有真正体验过生活的人，无法感受到知足常乐的境界。知足是一种处世的态度，常乐是一种释然的情怀。知足常乐，贵在调节！

第四章　滴水之恩，涌泉相报 / 071

感恩的人，就是一个有情有义的人；感恩的人，就是一个内心富有的人。拥有感恩的人生才真正懂得付出；拥有感恩的人生才真正明白什么是富贵。感恩的人生，就是幸福的人生；感恩的观念，就是智慧的财富；感恩的心灵，就是丰富的宝藏；感恩的习惯，就是做人处世的榜样。人，应该培养感恩的美德，时时心存感恩，人生何其美好！

第五章　宽容之心，伴随一生 / 085

宽容，是一股无形的感召力和凝聚力，是人格魅力中最闪耀的发光点。它折射出的是处世的经验，待人的艺术，良好的涵养。宽容是一种温暖的爱心，它能驱散生活中的痛苦和眼泪。宽容是一种博大的胸怀，它能包容人世间的喜怒哀乐。但是，宽容不是浅薄的玩世不恭、看破红尘，更不是无原则的宽大无边，而是建立在自信、助人和有益于社会基础上的适度宽大。

第六章　回归简朴，从容淡定 / 110

淡定是一种理性、一种坚忍、一种气度、一种风范、一种达观的生活态度、一种超然的人生境界。淡定就是你对名利荣辱的淡然，将物质、名利视为身外之物，简简单单地生活，快快乐乐地享受着回归简朴的淡然。我们每个人都需要这种心态，在生活中才会泰然处之、宠辱不惊，不会太过兴奋而忘乎所以，也不会太过悲伤而痛不欲生。

尘世悟语 淡定与舍得的智慧

第七章　脚踏实地，一步一个脚印 / 135

　　众所周知，修心是一件极其漫长的事，但那些得道之人都知道，要想证得大彻大悟的境界，绝对没有什么捷径可走，唯有脚踏实地，不断地思考，不断地虚心学习，方能修成正果。我们凡人做人做事也应如此，正所谓心态决定命运。如果我们失去了踏踏实实的心态，人生就只剩下了失败。

第八章　参透生死，一切随缘 / 175

每个人都与死亡同体。所有生命都应该感谢死亡，因为如果没有它的牵动，我们就真的死亡了。畏死者求生，怕黑的人自身放射光芒。

第九章　涤荡心灵，放下负累 / 189

有的人在感情上总爱犯糊涂，生活中忙碌，职场中沉浮，人生中迷茫，皆因放不下那颗"执着"心。因为他们太过于执着，所以心中负担累累。他们需要放下莫名的执着，重新认识这个世界；放下爱恨情仇，让自己享受人生；放下生老病死，让自己活在当下……放下一切早该放下的烦恼，静下心来好好地洗涤心灵的污垢，让自己挣脱烦恼，享受自在人生。

第十章　灵活变通，自在处世 / 214

灵活变通就是我们在处理各种事务时要善于变化和选择，而不是墨守和拘泥，从而达到变则通，通则灵，灵则达，达则成的理想效果。现代社会人们的生活压力也越来越大，为人处世也就变得越来越重要。我们只有灵活变通，处世才能圆满。

第十一章　心境自造，快乐常存 / 226

快乐或者烦忧，不在于你的生活中发生了什么事情，而在于你对待这些事情的态度。只要自己丢下烦恼，抛开杂念，就能求得心灵的宁境和人生的快乐。

第一章　点亮心灯，放飞心灵

物随心转，境由心造，烦恼皆由心生。心态的不同必然导致人格和作为的不同，因而也会谱写不同的人生，所以，"心明眼亮"就如同点燃了理想和希望。

燃起内心的光

在尘世喧嚣的社会里，只要自己淡泊名利，常怀感恩之心，就会知足常乐，内心充满阳光。心中有光，阴霾自散。

仁德禅师禅学功夫深厚，是名副其实的禅学大师。他推崇北方派的禅学，为此他经常到各大寺庙去讲经说法。由于他不满南方禅门教外别传的说法，所以携带自己的"金刚经青龙疏钞"千里迢迢南来抗辩，不想刚到达南方，就受到一位老婆婆的强烈奚落。碍于面子，德仁禅师狂傲的心理略有些收敛。为了表示对老婆婆的敬重，德仁禅师就向她讨问附近有什么宗师可以前去参访。老婆婆见他有所收敛，就告诉他在五里之外，有一位龙潭禅师，此人非常了不得。

一听到这个消息，仁德禅师喜出望外。他迈开大步，箭一般飞奔到了龙潭。一见龙潭禅师，他就迫不及待地问道："请问禅师这是什么地方？"

龙潭禅师略带微笑地点头答道："龙潭!"

紧接着仁德禅师逼问道："既名龙潭,我在此观察了好久,既不见龙,也不见潭,这是什么原因呢?"龙潭禅师只是微笑而不语。

这天,龙潭禅师用盛宴招待了仁德禅师。到了夜里,仁德禅师要向龙潭禅师请益。他站在龙潭禅师座前久久不愿离去,龙潭禅师见状,便说道："夜已深,你回去睡觉吧。"

仁德禅师向龙潭禅师道过晚安,告辞转身要走。他迟疑地走到门口,停住了脚步,又转身走回来,说道："师父,外面漆黑一片,伸手不见五指,我初来乍到的,不知道往哪儿走。"

龙潭禅师从椅子上站起来,顺手从旁边的桌子上拿起一支蜡烛,点燃了,递给仁德禅师。正当仁德禅师伸手来接时,龙潭禅师"噗"一声就把蜡烛吹灭了。仁德禅师突觉醍醐灌顶,扑通一声,双腿跪下来,向龙潭禅师顶礼。龙潭禅师问道："你见到了什么?"

仁德禅师回答道："从今以后,我对天下所有禅师的舌头,都不会再有所怀疑了。"

仁德禅师只注意外在的光,对自己内心的光却视而不见,幸运的是他遇到了龙潭禅师,内心的光才燃起来,使他看清楚了真我。

做有自信的人

人生需要自信,自信者,可望获得成功;不自信者,与成功无缘。

从前,有一个老和尚在寺庙的后院里种了一大片玉米。

经过漫长的等待,老和尚种下的玉米终于成熟了,也该收获了。这一天天刚刚亮,老和尚高高兴兴地拿着工具,边走边哼着小曲来到玉米地里收获玉米。这玉米仿佛也跟人一样有着思想感情，其中一个颗粒饱满的玉米心想："今天是收获的第一天，我是今年长得最好的玉米！老和尚肯定会先摘掉我。"

可是，老和尚已经摘了一天的玉米了，也没有把这个自认为长得最好的玉米摘掉。

"明天，明天他一定会把我摘走。"最好的玉米自我安慰着。

第二天，老和尚又摘走了其他玉米，可是仍然没有摘掉这棵玉米。"明天，老和尚一定会把我摘走！"最好的玉米再次自我安慰着。

可是老和尚依然没有来摘它。

时间一天一天地过去了，这棵玉米已经开始绝望了。原来饱满的颗粒变得干瘪坚硬，整个身体已经失去了光鲜的外衣，这棵对自己已经失望了的玉米准备和玉米秆一起烂在地里了。

正在这棵玉米胡思乱想时，老和尚哼着小曲就来了。他一边摘下它，一边说："这可是今年长得最好的玉米了。我要用它来做种子，明年肯定能种出更棒的玉米！"

这则小故事给了人们很多的启发：只要自己有真才实学，只要你耐得住寂寞，在遭受冷遇的时候，以平和的心态来对待它，而不是怨天尤人、垂头丧气或萎靡不振，也就是说，要相信自己的实力，一切才会变得顺利。自信而有思想的人永远不会为外界的环境所困扰，因为他们深深懂得，仁者见仁，智者见智，对事情的评价没有唯一的标准。

有一位禅师为了启发自己的徒弟，就给徒弟一块石头，叫他拿着那块石头去菜市场，并且要试着卖掉它。那是一块品质相当好的石头。师父叮嘱："记着，不要卖掉它，只是试着卖掉它。要注意倾听人们对这块石头的评价，还要多问一些人的意见，然后，回来告诉我在菜市场它能卖多少钱。"

徒弟遵照师父的话，带着那块石头去了菜市场。在那里，许多人都盯着那块石头看，心想：它可以雕成很好的小摆设，我们的孩子可以拿它来玩，或者我们也可以把它当作称菜用的秤砣。最后他们出的价格也不过是几个小硬币。徒弟回去后对他的师父说："那块石头最多只能卖到几个硬币。"

师父又对徒弟说："现在你带着这块石头再到黄金市场去，问问那儿的人愿意出个什么价格。但还是不要卖掉它，就是问问价格。"在黄金市场走了一圈后，他很高兴地回来了，说道："这些人太棒了。他们当中竟然有人愿意最高出到 1000 块钱。"师父又说："现在你立即去珠宝商那儿，问问这块石头值多少钱，但还是不要卖掉它。"

徒弟又带着那块石头去了珠宝商那儿。他简直不敢相信自己的耳朵，珠宝商们竟然愿意出 5 万块钱。他不愿意卖，他们继续抬高价格——他们出到 10 万。但是徒弟说："我不打算卖掉它。"于是珠宝商们又加价了："我们出 20 万、30 万，或者你要多少就多少，只要你肯卖！"徒弟说："我不能卖，我只是来问问价格而已。"他心想："这些人疯了！"他自己觉得菜市场的价已经足够了。

徒弟回去了，师父拿回石头说："徒弟，现在你总算弄明白了吧？自己的价值并不是让别人来定的，而恰恰是由你自己来定的。当你认为自己是菜市场的价格，那么几枚硬币也就卖了，然而，当你认为自己是一块无价之宝时，对方给你出几十万元你也不愿意卖掉它。"

在很大程度上，我们可以掌握自己的命运，决定自己的价值！

坚信"天生我材必有用",才能充分发展自我。

掌握自己的命运

英国哲学家培根说过:"人的命运主要掌握在自己手中。"当美好命运降临时,有两条路,一条是努力,一条是堕落。有些人选择了努力,有些人选择了堕落。选择努力的人在优越的环境中奋发进取,永不懈怠,一直走到山峰的顶端,俯览众生;选择放弃的人在舒适的生活中迷失了自我,贪图享受,自甘堕落,最终化为绵绵尘土,仿佛根本没有存在过。只要敢于同命运抗争,敢于面对挑战,命运就掌握在我们自己的手中,我们就是自己命运的主宰者。

命运不是由上天注定的,而是你自己去争取得来的,命运的好坏就看你争取的程度,你争取得彻底,命运就会很好。对于一个奋发图强的人来说,他的命运永远都掌握在他自己的手中。歌德曾经说过:"我知道的东西谁都可以知道,而我的心却为我所独有。"

从前有一个衙门的差役,奉命押送一个犯了罪的和尚。临走前,这个差役害怕自己忘了带东西,于是,他就编了个顺口溜:"包袱雨伞枷,文书和尚我。"走在路上,他还一边小心翼翼地念叨这两句话,总是害怕在哪儿不小心把任何一件东西丢了,回去交不了差。被押的和尚看到他有些发呆,嘴里总是不知道在念什么。这个和尚心里暗想着,等到时机来临,自己一定收拾这个差役。于是,就在他们停下来吃饭的时候,和尚就用酒把他灌醉了,然后给他剃了个光头,又把自己脖子上的枷锁解下来套在差役的身上,干完这一切,自己就溜之大吉了。等到这位差役酒醒后,他总感到少了点什么。再仔细检查了一遍,他发现包袱、雨伞、文书都在,再摸摸自己的脖子，枷锁也在，又仔细摸摸自己的头，没错，是个光头，说明和尚也没丢。可他还是感觉少了点什么，于是他又念起了顺口溜，一对，他大惊失色："我哪里去了，我怎么没有了？"

这则笑话让人哭笑不得，同时也是令人深思的。大哲学家亨利曾经说过："我是命运的主人，我主宰我的心灵。"做人应该做自己的主人，应该主宰自己的命运，不能把自己交付给其他任何人。

然而，现实生活中有一部分人却不能主宰自己。有的人把自己的命运交付给了金钱，成了金钱的奴隶；有的人为了权力，成了权力的俘虏；有的人经不住生活中各种挫折与困难的考验，把自己还给了上帝。

只有做自己的主人，才不会成为金钱的奴隶，不会成为权力的俘虏，不会迷失自我，才能在各种诱惑面前保持自我本色。那些过于热衷追求外物者，最终可能会如愿以偿，但却会像差役一样把最重要的给丢了，那就是自己。

这个世界上没有任何人能够改变你内在的世界，只有你自己才能真正地改变自己；也没有人能够打败你，只有你自己才能击败自己。

在这个世界上，成功卓越者是少数的，而失败平庸者是多数的。成功卓越者活得充实、自在、潇洒；失败平庸者过得空虚、艰难。成功者相信自己的命运是掌握在自己的手里的，所以他勤奋不辍；失败者总是认为命运由天注定，所以他能做的只是等待幸运之星降临到自己的头上。

我们应该对自己的前程负责，不能任由命运摆布自己。就像莫扎特、梵高等伟大的名人一样，他们生前都没有受到命运的公平对待，但是他们都没有屈服于命运，没有向命运低头，而是向命运发起了挑战，最终战胜了它，成了自己的主人，成了命运的主宰。

挪威大剧作家易卜生说："人的第一天职是什么？答案很简单：做自己。"是的，做人首先要做自己，要认清自己，把握住自己，逐步实现不同阶段的人生价值，只有做到这一点，才算是自己做自己的主人。

命运不是由天注定的，而是你自己能决定的。我们有权利决定自己在生活中该做什么，不该做什么。如果由别人来代替我们作决定，让别人来左右我们的意志，那么我们就成了傀儡。只有自己最了解自己，因为别人并不见得比自己高明多少，只有自己的决定才是最适合自己的。

运用心性的力量

有的人喜欢等待奇迹的出现，而不是自己去创造奇迹。殊不知，命运能够成全的只是那些客观的外在因素，而不能成全那些主观的内在因素。当世界因你的努力而变得更好，你就是世人心目中的卓越者。

有这样一个关于"两个女人一条腿"的故事。她们当中一个叫琳达，是个美国姑娘；另一个叫露丝，是个英国姑娘。她们都很聪明、伶俐、美貌，但都患有残疾。

琳达出生时两腿没有腓骨。在她到了刚要学走路的时候，她的父母作出了充满勇气但备受争议的决定：截去琳达膝盖以下的部位。之后，琳达就只能在父母的怀抱和轮椅中生活。后来，她的父母为她安上了假肢。尽管假肢走起路来非常地困难，但是琳达凭着惊人的毅力，每天都坚持外出锻炼，直到有一天她能跑、能跳舞、能滑冰。她还经常在女子学校和残疾人会议上演讲，还做模特，频频成为时装杂志的封面女郎。

与琳达不同的是，露丝并非天生残疾。在她18岁时曾参加英国《每日镜报》的"梦幻女郎"选美，结果一举夺冠。后来她赴南斯拉夫旅游，决定侨居异国。正值当地内战打响，她帮助这个国家设立难民营，并用做模特赚来的钱设立露丝基金，帮助因战争致残的儿童和孤儿。为了募集到更多的基金，她决定到伦敦去做义演。不幸的是，在伦敦她被一辆警车撞倒，肋骨断裂，还失去左腿。但是她没有被不幸击垮，而是经常奔走于动乱地区，像戴安娜王妃一样呼吁禁毒，为残疾人争取权益。

缘分终于到来，露丝和琳达在一次会见国际著名假肢专家时相识。现在她们情同姐妹。

虽然她们肢体不全，但是她们并不觉得这是人生的憾事；相反，她们觉得这种奇特的人生体验，给了她们坚忍的意志和生命力。她们现在借助假肢活动，行动自如。但是在坐飞机经过海关安检时，金属假腿常引发警报器铃声大作。只有在这时，才显出两位大美人的腿与众不同。

只要她们不掀开裙子，几乎没有人能看出这两位美女套着假肢。她们经常受到人们的称赞："你的腿形长得真美！"

琳达曾经用很自信的口吻说道："我虽然截去双腿，但我和世界上的任何女性没有什么不同。我爱美，我爱打扮，我爱看书，我希望自己更有女人味。"

琳达和露丝几乎忘了自己是残疾人。她们没有工夫去自怨自艾，人生在她们的眼里仍旧是那么美好、乐观。也有许多异性疯狂地追求她们，她们最终都选择了自己喜欢的人士作为伴侣，享受着真正属于自己的爱情。

生活本来是五味杂陈的，可是她们总能看到美好的一面。生活给了她们不幸，对她们不公，用不友好的方式对待她们，然而，她们从来都没有对自己失望，恰恰相反，她们都用极其友好的方式来对待生活，其结果就是，她们赢得了自己的幸福。

真正幸福的生活并不完全依赖于外界因素的影响，心性的力量才是幸福的原动力。人生虽然不能时时处处都让我们如愿以偿，但是，对待生活的心态是完全可以由我们自己控制的。

明确自己的生活目标

"万事悠悠心自知，强颜于世转参差。移床独向秋风里，卧看蜘蛛结网丝。"

这是宋代高僧道光法师曾经做的一偈，细细品读它能给我们带来很深的启迪。法师告诫我们无论到了何时何地都要有自知之明，倘若硬要"强颜于世转参差"，做一些超出自己能力之外的事情，反而不如踏踏实实地做好每一件平常事。

其实，一个人无论高低贵贱、贫富美丑，最重要的是清楚自己真正需要的是什么，追求什么，从而正确地做出自己的选择，不为那些世俗的观念所困惑。

梁实秋先生曾经说过，中年的妙趣在于更深刻地认识人生，认识自己，做自己喜欢的事情，享受自己所能享受的生活。

作为现代人，从容地面对生活是远远不够的。我们更应该能够倾听自己的内心，创造自己想要的生活，自知是我们活出精彩生命的源泉。自知的基础是有主张、有认识，知道自己在做什么，知道自己想要什么、能要什么。无论自己有什么想法，都要经得起考验。如果自己的想法轻易被左右，那么再好的想法都是没价值的，能被轻易打乱的都是不够坚定的。所以，有了明确的生活目标和事业追求以后，要相信自己一定能行，相信经过自己的努力能够达到自己想要的那个样子。自知衍生从容，从容带来坚定，坚定决定成就，成就成全安详。所以，我们一定要明白自己究竟想要什么，才可以活得更加精彩、更加辉煌。

如果整天脑子一片空白，没有明确的目标，你就会永远无法到达终点。多少人每天忙忙碌碌埋头苦干，被工作和生活压力所迫，渐渐地他们开始淡忘了曾经的梦想，于是，生活的目标开始模糊，人生定位不清，以至于不知何去何从。

在我们的身边，经常会遇到对自己的人生和周围世界不够满意的人。可是，你知道吗？在这些对自己处境不满意的人当中，竟然有98％的人对自己心目中喜欢的世界仍然没有一幅清晰的图画，他们没有详细的改善生活的目标，甚至没有一个人生目标来鞭策自己。结果是，他们继续生活在一个他们无意改变的世界里。

聪明的人给自己定下目标之后，目标就在两个方面起作用：一是作为自己努力的依据；二是作为对自己前进的鞭策。目标给了你一个看得见的射击靶，随着你不断地努力去实现这些目标之后，你就会产生成就感。对许多人来说，制定和实现目标就像一场比赛，随着时间的推移，你实现一个又一个目标，这时你的思考方式和工作方式也会随之逐渐地改变。

你定的目标必须是具体的，难易程度是适合自己的，这样自己就可以很容易一步步地实现它。如果你定的计划模糊不清，实践的结果也会不太理想。

聪明的人不仅善于给自己定目标，而且做事情总是事前决断好再做，而不是事后补救。聪明的人未雨绸缪、提前谋划，而不是坐等时机，或是受他人的摆布。

当然，我们要很好地做到明白自己想要什么、不想要什么，并不是一件很容易的事情，有时一生都无法知道。比如升职、加薪、分房、出国进修、海外轮岗……你一定要问自己："我有什么理由来拒绝这些好处呢？如果我得到这些利益，我将离自己最想要的东西越来越远。"往往利益都是有附加条件的，当这些附加条件不符合你的最高利益的时候，它们就是利益的代价。

鞋子是否适合自己的脚，只有自己知道；工作是否适合自己，只有自己的内心知道。以自己的职业理想和职业激情为依据选择工作，以便让自己保持对工作的持续热爱。虽然这是一种理想，但我们每个人都有机会靠近它。靠近的条件不仅要有明确的职业目标，还要懂得放弃不符合职业目标的利益，并培养放弃的勇气和能力。面对选择时，我们要坚持做自己最想做的事，而不被眼前利益所左右。即使一时不知道自己要的是什么，也不要那些明知自己不是真正想要的好东西。

目标就像是生活的一盏航灯，它照亮着我们不断地向前进步。因此，想要获得幸福的人，必须拥有适合自己的明确目标，只有这样才不会懵懂茫然。追求目标的过程就是充实自我的过程，不管结果如何，这个过程本身就是幸福。

我们的生活犹如天上的风筝，这只风筝飞得是否精彩，就看它的主人如何操控它了。主人如果身怀绝技，这只风筝在天空中一定比别的飞翔得更加精彩。所以，人生只有明确了自己的生活目标才会变得有意义。

依靠自己才是硬道理

任何人帮得了你一时，帮不了你一世，不要依靠，不要祈求，依靠他人只会使自己懦弱，祈求也只是一种安慰，自身的强大才是硬道理，不如挺起自己的腰板，种下信念的种子，让坚强之树在心灵之中越长越高。

据史料记载，六祖惠能（也作慧能）的父亲早亡，留下他和老母亲，家里的日子过得非常拮据。他父亲生前曾经做过当地的小官。在他父亲去世之后，几乎没有人愿意帮助他们摆脱困难的生活。坚强的惠能和他的母亲并没有怨天尤人，而是靠自己的勤劳刻苦迎来幸福的生活。据说惠能每天上山砍柴卖钱维持他和老母亲的生计。倘若惠能是个自私的懒人，注意力只放在租借别人的钱财上过活，可能他和母亲早就饿死了。

假如有人只是缠着大树的藤蔓，那么，他永远也成不了大树，永远也成不了气候。退一步讲，大树终有倒下的一日，依靠别人终究是不能长久的，唯有做到"求自己"才是最稳固、最牢靠的。

佛印与苏东坡是好朋友，他们经常在一起聊天。有一天，他们两人一同游寺庙时，看见其中一尊观音菩萨雕像，栩栩如生，口中似乎念念有词，虔诚至极。苏东坡很是不解，于是他问佛印："观世音菩萨到底在祷念什么？"

佛印说："在念南无观世音菩萨七字真言！"

听完佛印的回答，苏东坡觉得更加迷惑了，于是，他继续问道："观世音菩萨本来是我们凡人膜拜祈祷的对象，怎么也和我们一样在祷告，自己念自己呢？"

佛印说："求人不如求己！"

"求人不如求己！"佛印这句话非常经典。与其总是期望别人的关照，还不如努力将自己的分内事情做好。西方有句名言："上帝总是帮助那些帮助自己的人。"用中国人的话说就是："人必自助而天助之。"

谁也不能否认，我们都有依赖心理，总是希望借助别人的力量去完成一些自己不愿意去做或者自认为完不成的事情。相比于男人而言，女人自有其薄弱的地方，在适当的时候，适当地示弱，本无可厚非，但是千万不要过了头，一旦养成依赖性人格，那后果就严重了。

有这样一个女孩子，她从小被父母亲娇生惯养，生活缺乏独立自主的意识和能力，无论是对于学业、生活还是工作，她都习惯性地按照别人设计好的路子往前走。她是独生女，从小到大都是在爸爸、妈妈、爷爷、奶奶的呵护中成长，在学校里是听老师话的好学生，在单位是遵守纪律的好员工，结婚后成了听话的好老婆。不管是生活还是工作，似乎总有人帮助她渡过难关，帮助她解决各种各样的困难。久而久之，帮她的人都已经一个个离她而去，她感到很孤独无助，非常失望。特别是当她一个人独自去面对问题的时候，她感到手忙脚乱，不知所措。

这种性格就叫典型的依赖型人格。所谓依赖型性格主要是指对亲近与归属有过分的渴求，是一种较为常见的人格障碍。在依赖心理严重的人心里，能够抱住一棵大树，有一座靠山，远比自立要重要。他们可以放弃自己的兴趣、爱好、人生观与诸多发展机会。

当然，任何人在年幼的时候都是要靠父母养育的，那是因为我们还没有足够的能力来应对外界的挑战，依赖他人的帮助是我们唯一的选择。所以当父母的就要在孩子小的时候给他们灌输正确思考和做事的观念，培养他们独立自主的能力，因为身为父母的我们有这样的责任为孩子做这些事情。我们是一个完整的人，别人具备的生存能力，我们也一定要具备，否则你就会被这个社会淘汰。

在现实生活中，常常听到有人说："你就像一个永远长不大的小孩，总是让人替你操心！"这种总让人替他操心的人就是过度地依赖别人，心智很幼稚，思考问题和办事的能力都严重不足。严格意义上讲，这就是一种心理上的缺陷。

从心理学的角度说，人的性格是由遗传和后天生活环境两方面来决定的。虽然我们不能完全改变自己遗传的那部分性情，但是我们也还是可以根据环境，改变自己性格的一部分。

要实现真正的自我，寻找最稳固长久的幸福，从现在开始，你就必须摒弃那些依赖的心理，培养并且增强自己的独立性。

生活总是如此真实，它不容任何过分的遐想。现实不是靠美丽的遐想和求助于他人来完成的，只有活出自我才是人生的真谛。既然选择生存，就不要将生活的希望寄托在别人身上，毕竟"别人是别人，你是你"。

呼唤自己

每一个坚持事业并且最后成功的人背后，都有一个不忘初心的故事。

有一家寺院，里面的生活条件非常好，和尚们一日三餐，虽是吃素，但是每顿饭都是不重样的。寺院里可供学习的书籍和机会非常多，周围的环境也非常好，青山绿水，交通便利。即使拥有这么好的环境，老方丈也没有忘记心中的理想。

每天一大早，不等寺院里的晨钟敲响，和尚们就被老方丈的呼喊声叫醒了。奇怪的是老方丈呼喊的并不是寺院里和尚们的名字，而是他自己的名字。

多年如一日，老方丈总是在晨钟敲响前半个小时左右起床，然后到寺院附近的山坡上，面对着山谷大声呼唤自己的名字。

很多和尚都大惑不解。终于有一天，一个小和尚跑到老方丈的禅房里，小声问道："师父，您怎么天天呼喊自己的名字呢？您这样做到底有什么禅机？"

老方丈很高兴小和尚能够来问他这个问题，于是，他就笑着说："徒弟啊，师父在清醒时可以管住自己，但到了晚上做梦的时候，就管不住自己了。我在梦中不停地云游四海，有时候还差一点回到了出家前的生活中去，根本无法约束自己。醒来之后，当然要呼唤自己了，要早早地把自己喊回来。不然，就有可能把自己走丢了，再也找不到自己了……"

这位老方丈坚决不让自己走失，无论是在现实生活中，还是在睡梦中，他都要把握住自己。然而对于普通人而言，就不只是在梦里才会走失了。在现实生活中，如果我们稍微一不留神，就会走丢了。

所以，在生活中，就要时时刻刻保持清醒，不让自己走失。

慧明禅师无论在哪里，得空就经常自问自答。

他喊自己："主人公！"

然后自己回答："哎！"

"清醒着，以后不要受别人欺骗！"

"是的，是的！"

慧明禅师所呼喊的"主人公"，就是生命中真实的自己，就是自己的本心本性。就是提醒自己不要被外物所迷惑，不要成为木偶和陀螺。如果你为外物所迷惑，丧魂落魄，东飘西荡，没有自己的立场、方向，不能主宰自己的一切，就是迷失了自己。当你成为自己的"主人公"的时候，就可以自由自在地支配你的时间和生活了。

重要的是写好"我"字

有人说无论是写字还是做人，唯独一个"我"字是最难把握、最难创新的。的确，从某种意义上说，如果认清了自我，就能看清这个世界，最终也就找到了通往成功的道路。要认清自己，更是需要有一颗慧心。

在一座寺庙里，有一个小和尚很喜欢书法，自己私底下也经常练。他很想学好书法，从而有一番作为，只是练习时不得要领。他产生了一个想法，那就是跟老和尚学习书法。经过了拜师的礼仪，老和尚就让小和尚从"我"字开始练习，并给小和尚提供了几个前辈和名家们的"我"字帖作为模仿的对象。

小和尚拿到字帖，高高兴兴地回到禅房开始练习。他很耐心地观摩并练习了一个上午，最后他挑拣了其中一个自己写得比较满意的"我"字，拿去让老和尚指点。老和尚斜看了一眼就说："徒弟啊，你写得太潦草了，这个字不合格，回去继续接着练。"

于是，小和尚回到禅房，关起门来，一个人静静地练了一个星期，他自己也记不清究竟自己写了多少个"我"字了。看着满屋的"我"字，他感到很兴奋，之后，他挑拣了几个自己满意的，拿去让师父看。老和尚挂起眼镜，随手翻了翻那几个字，于是背过身去，轻声说："徒弟啊，你写得太漂浮了，回去继续接着练吧。"

小和尚没有吭声，他沉住气带回那几个"我"字，回到禅房继续练。一练就是练了半年，他觉得自己基本上能把前辈和名家们的几个"我"字临摹得惟妙惟肖了，便又挑了几个他认为自己写得好的"我"字，拿去请教师父。老和尚又挂起眼镜，静静地看了一阵那几个字，最后拍拍小和尚的肩膀说："徒弟啊，写得不错，有长进，有出息。不过，还得回去继续接着练，因为你还没掌握'我'字的要领。"

得到老和尚的承认和鼓励之后，小和尚有了一些信心了。现在他终于静下心来，仔细揣摩着老和尚的开导，一遍遍、一天天地练下去。又过半年，小和尚又来找师父了。不过这次他只拿来唯一的一个"我"字，这个"我"字再不是泛写和临摹了，每个笔画都是异样的新写法。很显然，小和尚在经过以前的临摹后，再加上自己的创新，现在他可以熟能生巧地写好"我"字，并且独创了一种书法新体。

最后，老和尚终于认可了小和尚的书法。他满意地笑了，意味深长地对小和尚说："你终于写出自己的'我'、找到'自我'了。"

小和尚写的字无论是潦草、漂浮、泛写、临摹，都写不出真我，只有静下心来精心地修炼和创新才能慢慢地找到真我。古希腊哲学家苏格拉底曾经说过："认识你自己是哲学的最高任务。"

其实做人好比练字，刚开始我们只会"临摹"别人的真迹，只会跟别人学。有很多人一丝不苟地跟别人学的过程中，渐渐地失去了自我，丧失了自己的独立性，最后成了人云亦云的芸芸众生；只有少数人在"临摹"别人以后能够脱颖而出，超越前人，成为真正的自己。

认识我们自己

老子曰："知人者智，自知者明。"早在 2000 年前，古希腊人就把"认识你自己"作为铭文刻在德尔斐神庙上。然而时至今日，人们不能不遗憾地说，"认识自己"的目标还远远没有实现。

一座清幽的名古刹里新来了一个眉清目秀的小和尚。由于刚来，他便积极主动地去见老方丈，他对老方丈殷勤诚恳地说："师父，我初来乍到，先干些什么好呢？请前辈支使和指教。"

老方丈抬起头来对小和尚微微一笑，然后说："这样吧，你先不用干活，先认识、熟悉一下寺里的众僧吧。"

第二天一大早，小和尚又跑来见老方丈，还是很殷勤诚恳地说："师父，寺里的众僧我都一一认识了，下面我该干什么了？"

老方丈又微微一笑，若有所思地说："你认识得不全，肯定还有遗漏的，现在你接着去了解、去认识吧。"

过了三天以后，小和尚再次来见老方丈，蛮有把握地说："师父，寺院里的所有僧人我都认识了，现在我想踏踏实实地做点事。"

老方丈微微一笑，因势利导地说："徒弟，还有一人，你没认识，而且这个人对你特别重要。"

小和尚满腹狐疑地走出老方丈的禅房，为了都认识寺院里的僧人，小和尚见一个问一个，就这样挨个地询问着，一间屋一间屋地寻找着。在阳光里、在月光下，他一遍遍地琢磨、一遍遍地寻思着。

大约过了一个星期，一个偶然的机会，一头雾水的小和尚在一口水井里忽然看到自己的身影。顿时，他豁然顿悟，急忙跑去见老方丈，告诉老方丈，他认识了其他的所有人，就是漏掉了自己。

在这个世界上，有一个人离你最近也最远，与你最亲也最疏，也最容易忘记……这个人就是你自己。

生活中，我们每天都要和自己在一起，但往往忽略了自己的存在。在许多时候，如果我们把自己当作一个陌生人去了解，你会发现自己的很多优点与缺点，从而更好地把握自己。

请记住，自己才是一切之本。要了解自己，有时候你就要把自己当作一个陌生人，因为旁观者清。

看清自己的本质

世上之人多数都是凡人，然而，他们总是梦想做一个非凡之人。知物之好坏，从而希望得其精而弃其糟，恨不能网天下之精华，尽收己囊。如果你只知道要取物之精华而不知自己具不具备与之对等的能力，那将是你一生中最大的憾事。所以，人贵在有自知之明。

南岳怀让禅师有一名弟子叫马祖。据说，马祖在寺院里从早到晚都盘腿静坐，苦思冥想。怀让禅师知道了这件事后，便问他："你这样盘腿静坐到底是为了什么呢？"

马祖答道："我想成佛。"

怀让禅师听完马祖的回答后，顺手拿起一块砖，蹲下身来，在马祖面前的地上用力地磨。

马祖很是费解，于是问道："师父，你磨砖做什么？"

怀让禅师回答道："我想把这块砖磨成镜子。"

马祖又问："砖怎么可能磨成镜子呢?"

怀让禅师又说："既然你说砖不能磨成镜子,那么你盘腿静坐又岂能成佛?"

马祖问道："依师父的意思,我应该怎么做才能成佛呢?"

怀让禅师打了一个比方,回答道："这件事就好比牛拉车子,如果车子不动,你是打车还是打牛呢?"

马祖之前脸上僵硬的表情立即释放开了,他恍然大悟。

很显然,当砖不具有成镜的特质时,无论你怎么磨都永远无法把它磨成镜子。这种道理同样可以用到人身上。你永远是你,我永远是我。即使用尽所有精力来加以雕饰,刻意模仿都无法彼此替代。因为这是由各自的特性决定的,而这种特性又决定了各自的生存方式和生存状态。所以,人与人之间不必彼此羡慕他人的优越之处,更不能诋毁别人的缺点。说不定你有比别人更优越的地方,只是你没有看到自己光明的一面而已。也说不定你在诋毁别人缺点的时候,而自己却在犯着同样的错误,做着相同的傻事,只是你没有看到自己黑暗的一面。

人贵有自知之明,只有深刻地了解自己才能正确地评价自己,才不会犯蚍蜉撼大树的错误,也不会畏首畏尾,错失良机。仔细地观照自己的内心世界,在喧嚣的尘世间留下一片可以静憩身心的领地,疲倦时燃一炷兰香,悠然独坐,也许你可以突然顿悟,参透人生的玄机。

我们每天最想做的事情是改变外物,往往忽视了改变自己。然而,却不知想要改变外物的前提是先要改变自己。而要改变自己,必须先要认清自己。

尊重自己的本性

俗世的纷繁杂芜使得有些人本真的心性逐渐改变了，每一次的呈现都多了一分修饰，每一次的言语都少了一分真实。他们习惯于时时刻刻的伪装，总以为这样才是正常的，才可以赢得更多，过得更好。蓦然回首，世界依然日出日落，春夏秋冬，年年如此，唯独改变了的是自己的本性。扪心自问："我是否观照过自己最真实的内心世界？是否尊重过自己的本性？"心会告诉他们那个最真实的答案。有多少人孜孜不倦地改变自己，以追逐自己想要的一切。当他得到了想要的一切的时候，才发现自己走错了方向，这时不仅没有得到自己想要的，而且还丢了自己最初拥有的。那么，当初为什么就不能尊重自己的本性？做那个最真实的自己？也许正是因为你没有彻悟。

我们的眼光总是向外看，为的就是追逐自己所认为的美好事物，而忘记了追求自己的内心世界。外在的利益诱惑让自己身置迷宫，越走越糊涂。如果能看清和坚持自己的本性，坚守自己的心灵领地，又何必自悔自恼呢？

据说，东晋书法家王羲之的伯父王导的朋友太尉郗鉴想给自己的女儿择婿。当他知道丞相王导家的子弟个个相貌堂堂、才学不凡时，他就请门客到王家选婿。王家子弟获知这个消息后，个个精心修饰，规规矩矩地坐在学堂里，每人都拿着一本书。乍一看，他们好像都在读书，殊不知，他们的心却不知飞到哪儿去了。唯有靠后排书案上，有一个人与众不同，他还是与平常一样很随意自如，聚精会神地写字。天虽不热，他却热得解开上衣，露出了肚皮，并一边写字一边无拘无束地吃窝窝头。门客把这一切都看在眼里，回去后一五一十地告诉太尉时，英明的太尉一下子就选中了王羲之。这其中的原因就是太尉看出王羲之是一个敢露真性情的人。王羲之尊重自己的本性，不会因外物的诱惑而屈从盲动，这样的人将来可成大器。

所以，我们为人处世没有必要总是做一个跟从者、一个眺望者，只要我们认清自己的本性，保持自我，这样自身就足可以成为一道风景。不从外物取物，而从内心取心，先树自己，再造一切，这才是我们需要去做的。

知道尊重自己本性的人才不至于迷失了自己，也才能清晰地看清自己要走的路。

抵制各种诱惑

做人，要学会抵制诱惑。因为看似美丽的诱惑背后，往往隐藏着万丈深渊，一旦陷进去，就很难爬出来。如果你拒绝它，它就将你的人格魅力反射得熠熠生辉！

法门寺要挑选一个小和尚当方丈的徒弟。寺院中所有的小和尚都认为这是一个提升自我的良好机会。

负责选拔的和尚强调，对被选中者最重要的要求是"能自我克制"。

"自我克制"这一要求在众僧中引起了广泛的议论，也引起了小和尚们和老和尚们的思考，自然也引来了众多竞争者。

每个竞争者都要经过一个特别的考试。

"能阅读吗？"

"能，师父。"

"你能读一读这一段吗?"负责测试的僧人把一本打开的经书放在小和尚的面前。

"可以，师父。"

"你能一刻不停顿地朗读吗?"

"可以，师父。"

"很好，跟我来。"负责测试的僧人将小和尚带入一间禅房，然后把门关上。

一个小和尚拿着他刚才答应能不停顿阅读的经书开始在那里读了起来。

阅读刚一开始，负责测试的僧人就放出几只可爱的小猫，小猫跑到小和尚的脚边。这太容易使人分心了！小和尚经受不住诱惑便要看看活泼的小猫。由于视线离开了阅读材料，小和尚忘记了自己的角色，读错了，当然他失去了这次机会。

就这样，负责测试的僧人淘汰了 20 个小和尚。

终于，有个小和尚不受诱惑一口气读完了。

方丈很高兴。于是，方丈问他："你在读书的时候是否注意过你的脚边有小猫?"

小和尚回答道："是，师父。"

"我想你应该知道它们的存在，对吗?"

"是的，师父。"

"那么，为什么你不看一看它们?"

"因为我告诉过您我要不停顿地读完这一段。"

"你总是遵守你的诺言吗?"

"的确是，我总是努力地去做，师父。"

方丈高兴地说道："你就是我要的人。我相信你大有发展前途。"

很多人的失败并不是由外在的原因导致的，多数情况下是因为克制不住自己，最后，使得自己与成功失之交臂。许多成功人士，都有一颗能忍的心，忍住诱惑，忍住困难。这也可以看作是成功者与失败者的最大区别。

第二章　积蓄力量，改变人生

最有意义的人生不是别人给予我们的，而是自己赋予人生一定的意义。这才是最有意义的人生，因为只有这样的人生才是最主动的、最有生命力的。生活中我们处处都要留心机会，抓住机会，一点一滴地努力，不断地作出成绩，最后厚积薄发，达到我们想要的理想和境界。

让自己的人生变得有意义

胡适在答友人的信中说："人生的意义全是每个人自己赋予的：高尚、卑劣、有用、无用……全靠自己的作为。人生的意义不在于何以有生，而在自己想如何生活。你若情愿自己天天白昼做梦，那就是你这一生的意义。你若发愤振作起来，决心去寻求生命的意义，去创造自己的生命的意义，那么，你活一日便有一日的意义，做一事便添一事的意义，生命无穷，生命的意义也无穷了。"

有一天早晨，奕尚禅师刚打坐完，寺院里就传来阵阵悠扬而深沉的钟声，整座山谷仿佛苏醒了。奕尚禅师凝神侧耳聆听许久，很显然，他是被这种特别的钟声吸引住了，因此，他很想见见这位敲钟人。于是，等到钟声一停，他忍不住召唤他的徒弟来，询问道："刚才我听到了寺院中有史以来最有吸引力的钟声，我想知道今天早晨敲钟的人是谁？"

徒弟回答道："回师父，敲钟的人是一个新来参学的小沙弥。"

奕尚禅师赞赏地点了点头，随后，他吩咐这位徒弟将那位小沙弥叫到他的跟前来。

奕尚禅师开口问道："你今天早晨是以什么样的心情在敲钟呢？"

小沙弥感到不知所措，他不知道奕尚禅师为什么要特意见他，更不明白为什么要这么问他。于是，忐忑不安的他回答道："尊敬的师父，我没有什么特别的心情，只不过是为了打钟而打钟罢了。"

奕尚禅师反问道："这肯定不是你的心里话。我能感觉到你在打钟时，心里一定念着些什么。因为我今天听到的钟声，并非是以往的钟声，而是非常高亢响亮的声音，只有拥有一颗虔诚的心的人，才能敲出这种深沉又博大的声音。"

小沙弥被眼前禅师的话问住了，他开始认真思考如何回答禅师的问题。最后他认认真真地回答奕尚禅师的问题，说道："其实我也没有刻意念着，只是我平常听您教导说：'敲钟的时候应该要做到虔诚、斋戒，用犹如入定的禅心和礼拜之心来敲钟。'如此而已。"

奕尚禅师听了小沙弥的这番话，感到很高兴。于是，他进一步提醒这个小沙弥："往后无论处理任何事务，都要保持今天早上敲钟的禅心，如果你做到了，那么将来你的成就会不可限量！"

从此，这位小沙弥一直牢牢记着奕尚禅师的开示。终于他成为了一名得道的高僧。

他就是后来继承奕尚禅师衣钵真传的森田悟由禅师。

禅心是心无杂念、专心致志地做自己所做的事。小沙弥带着禅心去敲钟，使得毫无新意的钟声具有了新的内涵，让一件日常的琐事变得有意义。人生与敲钟其实也是同一个道理。

在一所著名的大学里，著名作家毕淑敏正在讲台上演讲。从她演讲的一开始就不断有人给她递纸条，其中有一张纸条的内容是：人生有什么意义？请你务必说实话，因为我们已经听过太多言不由衷的假话了。

她当着所有人的面把这个问题念出来，念完后台下响起雷鸣般的掌声。她说："你们提出的这个问题非常好，我会讲真话。我曾经在西藏阿里的雪山之上，面对着浩瀚的苍穹和耸立的冰川，如同一个茹毛饮血的原始人，反复思索过这个问题。我相信，当一个人处在年轻的时期，会无数次地问自己：我的一生，到底要追求怎样的意义？对于这个问题，我思考了无数个日日夜夜，终于得到了答案。现在我将非常负责任地对你们说，我思索的结果是人生没有任何意义！"

当她说完这句话后，全场出现了短暂的寂静，但紧接着就响起了暴风雨般的掌声。这可能是毕淑敏在演讲中获得的最热烈的掌声。她赶快用手做了一个"暂停"的手势，但掌声还是未停息。

她接着又说："请大家先不要忙着给我鼓掌，我的话还没有说完呢。我说人生是没有意义的，没错，但是——我们每一个人要为自己确立一个意义！是的，关于人生意义的探讨，无时无刻都在充斥着我们的周围。回答这个问题有很多种说法，由于我们对这些答案已经非常熟悉，这些答案也常常是重复的，已经让我们从熟视无睹滑到了厌烦。可是这不是问题的关键，重要的是别人强加给你的意义，无论它多么正确，如果它不曾进入你的心里，那么它永远是身外之物。比如，我们从小就被长辈们灌输过人生意义的答案。在以后的漫长岁月里，谆谆告诫的老师和各种类型的教育，也都不断地向我们阐发人生意义的补充版。但是有多少人把这种外在的框架当成了自己内在的标杆，并为之下定了奋斗终生的决心？"

是的，被灌输的人生意义是没有真正的意义的，重要的是你要为自己确立一个意义。要想让自己的人生变得丰富多彩，就需要我们给它赋予多种意义，让意义丰富人生的内涵。即使你拥有得再多，也会撒手而去。糖在口里是甜的，味觉能直接感觉到。不吃糖时，那种甜的感觉只能是回忆，和在口里的感觉是不一样的。要想总有甜的感觉，就得总有糖在口里，显然是不可能的，即使你有足够的钱来买糖，但你的身体承受不了吃下这么多糖。只有把人生看成像糖一样甜，这种人生才是真正的甜！

不圆满也是一种圆满

婆娑世界，万事万物皆有缺陷，圆满只是相对的。人世间做人做事之难，也在于任何事情都很少有真正的圆满。

一代女皇武则天，即便是那个时代最辉煌的女性，但终究还是被逼退位。英明的她预见了在她死后将是人们对她无休止的荣辱毁誉，于是，她立下了一块巨大的"无字碑"，也称丰碑，其意为功过是非任由后人评说。

站在浩瀚的历史角度上看，任何人事一时的辉煌并不代表着生生世世皆辉煌。无论是谁都要经历世人多角度的分析和评判，这个时候的你又如何能做到真正的圆满呢？

人活着的时候，若想追求做人做事达到最高的境界，就需要放下计较之心。一个能够不计较成败、荣辱和得失的人，便是一个真正得道之人。

金代禅师非常喜欢兰花，于是，他在寺院里栽种了很多品种的兰花，并且悉心照料这些兰花。有一天，他要外出云游一段时间，临走前他向弟子交代：一定要好好照顾寺里的兰花。师父走了以后，弟子们都很细心地照顾它们。但是有一天一个弟子在给兰花浇水的时候不小心将兰花架碰倒了，几乎所有的兰花盆都打碎了，兰花撒了满地。弟子们因此都非常恐慌，心想着师父回来后一定会重重地惩罚他们的。

不久金代禅师云游结束，回到寺院。他闻知了此事，不但没有责怪弟子们，反而说道："我种兰花，一是希望用来供佛，二是为了美化寺院里的环境，不是为了生气而种兰花的。"弟子们听后都感动得落下了眼泪。

金代禅师说得好："不是为了生气而种兰花的。"金代禅师之所以看得开，是因为他虽然喜欢兰花，但心中却无兰花这个障碍。因此，他并不因为生活的不圆满而影响他心中的喜怒哀乐。

在漫漫的人生旅途中，每个人都会经历或多或少的不如意之事，一时的逆境看似是波折，但是聪明的人会利用逆境来变成命运的转折点，其结局不言而喻，一定是圆满的。看明白了圆满的相对性后，对生命的波折、情爱的变迁，自然也就能云淡风轻，处之泰然了。每个人都在争取一个完满的人生，然而，古今中外，芸芸众生，一个百分之百完满的人生是不存在的。也正是人生的不完满，生命才会更加厚实。可见看似不圆满的人生其实也是一种圆满。

用出世之心做入世之事

一个真正有智慧的人，面对物质世界，会抱着一种超然物外的态度来对待人生，以出世的态度做入世之事业。超然物外不是玩世不恭，而是让自己的心境轻松，守住做人的本分，从俗事中解脱，不被外物所累。出世与入世的界限并不是泾渭分明的，二者是相辅相成、不可分离的。

有一位禅师外出游学时，因口渴而四处找水喝。这时，他看到一个年轻人在池塘里用水车打水，这位禅师就向那个人要了一杯水喝。

年轻人以一种羡慕的口吻说道："将来有一天我看破红尘，我一定会跟您一样出家学道。不过，我出家以后不会像您那样到处行脚，居无定所，我会找到一个能够长期居住的地方，好好参禅打坐，不再抛头露面。"

禅师微笑着问道："年轻人，请问你什么时候会看破红尘呢？"

青年人答道："我们这里方圆几十里地就数我最了解水车的性质了。这里的人们都以这里的水为主要水源，如果有人能接替我照顾水车，让我没有后顾之忧，我就可以放心出家，走自己的路，做自己的事了。"

禅师问道："你是最了解水车的人，那我问你，水车全部浸在水里，或完全离开水面会怎样呢？"

青年人答道："车是靠下半部置于水中和上半部逆流而转的原理来工作的，如果把水车全部浸在水里，水车不但无法转动，甚至会被急流冲走；同样地，水车若完全离开水面，车就不能把水带上来。"

禅师说道："车与水流的关系恰恰说明了个人与世间的关系。如果一个人完全入世，纵身江湖，难保不会被五欲红尘的潮流冲走；倘若全然出世，自命不凡、清高自傲，不与世间来往，则人生

尘世悟语 淡定与舍得的智慧

必是漂浮无根。同样的道理，一个修道的人，出世与入世也要处理得当才行啊。"

入世与出世不是截然分开的，出世只是为了更好地入世。近代的大才子、大艺术家、高僧弘一法师就是一位真正做到了用"出世"之心做"入世"之事的人。他出家后，一方面潜心研究佛法，著书立说；另一方面则不断游历，交流和弘扬佛法。

生活中，如果人们总是牵挂得太多，太在意得失，就会情绪起伏，被负面情绪牵着鼻子走，不可能活出洒脱的境界。越是背离出世精神的人，就越是难以做好入世之事业。爱默生曾经说过："笑口常开；赢得智者的尊重和孩子的热爱；获得评论家真诚的赞赏，并容忍假朋友的出卖，欣赏美的事物，发掘别人的优点；留给世界一些美好，无论是一位健康的孩子，一个小园地或一个获得改善的社会现状都可以；知道至少一人因你的存在而过得更快乐自在，这就是成功。"以出世之心做入世之事，不让世俗的尘埃蒙蔽你的双眼。淡然面对得失，坦然接受成败，才能超脱物外，找到生命的真谛。

志存高远

诸葛亮说过："夫志当存高远，慕先贤，绝情欲，弃疑滞，使庶几之志，揭然有所存，恻然有所感；忍屈伸，去细碎，广咨问，除嫌吝，虽有淹留，何损于美趣，何患于不济。若志不强毅，意不慷慨，徒碌碌滞于俗，默默束于情，永窜伏于平庸，不免于下流矣。"

宋张载说过，志小则易足，易足则无由进。要进步就得立大志。从某种意义上来说，远大的理想是成功的一半。一个人志向远大，才能放眼高远，不计较眼前的得失，并且克服困难怠惰，不断进取，取得更大的成就。

一个小和尚满怀疑惑地去见师父，问道："师父，您说好人坏人都可以度，问题是坏人已经失去了人的本质，如何算是人呢？既不是人，就不应该度化他。"

他的师父并没有立刻回答他的问题，只是拿起笔在纸上写了个"我"字，但字是反写的，如同印章上的文字左右颠倒。

"这是什么？"师父问。

"这是个字啊。"小和尚说，"但是您把它写反了！"

"是什么字呢？"

"'我'字！"

"写反了的'我'字算不算字？"师父追问。

"不算！"

"既然不算，你为什么说它是个'我'字？"

"算！"小和尚立刻改口。

"既然算是个字，你为什么说它反了呢？"

小和尚怔住了，不知怎样作答。

"正字是字，反字也是字，你说它是'我'字，又认得出那是反字，主要是因为你心里认得真正的'我'字。相反地，如果你原不识字，就算我写反了，你也无法分辨，只怕当人告诉你那是个'我'字之后，遇到正写的'我'字，你倒要说是写反了。"师父说，"同样的道理，好人是人，坏人也是人，最重要的是在于你必须认识人的本性，在你遇到恶人的时候，仍然一眼便能见到他的'本质'，并唤出他的'本真'；本真既明，便不难度化了。"

师父的意思很明了，如果要去度人，当然要度坏人；如果这世上都是好人，还需要你度什么呢？

王敏为南阳慧忠国师做了几十年的侍者，在这期间他一直任劳任怨，忠心耿耿。慧忠国师想要对他有所报答，帮助他早日开悟。

有一天，慧忠国师像往常一样喊道："侍者！"这位侍者听到慧忠国师叫他，以为慧忠国师有什么事要他帮忙，于是立刻回答道："国师！您要我做什么事吗？"慧忠国师听到他这样的回答感到无可奈何，便说道："我没有什么事情要你做的！"过了一会儿，慧忠国师又喊道："侍者！"侍者又是和第一次一样地回答。慧忠国师还是很无奈地回答他："我没什么事情要你做！"

就这样反复了几次以后，慧忠国师喊道："智者！"侍者听到慧忠国师这样喊他，他不明白为什么国师会叫他智者，他明明是侍者，不可能与智者相提并论，于是问道："请问国师！您在喊谁呀？"国师看他心窍不开，万般无奈地启示他道："我叫的就是你呀！"侍者仍然不明白地说道："国师，我是您的侍者呀！不是智者，您不要再叫我智者了，好吗？""此人真是朽木啊！"慧忠国师低声对自己说。侍者又重复说了一遍："您不要再叫我智者了。"慧忠国师看他如此不可教化，便说道："不是我不想提拔你，实在是你太辜负我了呀！"侍者回答道："国师！无论何时何地，我都不会辜负您，我永远都是您最忠实的侍者，任何时候都不会改变！"

慧忠国师对侍者抱有的希望彻底破灭了。为什么有的人面对环境只能是被动接受，每走一步都要死死地跟着别人，生怕走错了哪一步，犯成大的错误。难道他就不能感觉到自己的心魂，接触自己真正的生命吗？慧忠国师说："还说你不辜负我，事实上你已经辜负我了，我的良苦用心你完全没有领会。你从骨子里承认自己是侍者，而不承认自己是智者，智者与众生其实并没有什么区别。众生之所以为众生，就是因为众生不承认自己是智者。这实在是太遗憾了！"慧忠国师的一片苦心始终都不能被他的侍者体会到。

每个人一生下来就是智者，只是很多人沉沦于俗世，不能自拔，所以迷失了自己的本性，误认为智者和一般人不同。因此，每个人都不必看低自己，只要你有信心，并且有这个意愿，那么最后你一定能够成为智者。

接纳生活的苦与乐

苦与乐从来都是相伴相生的，二者之间是对立统一的关系。如果我们将痛苦与快乐看成是绝对地对立，从而加以逃避，那么，我们不仅不能得到快乐，反而会使我们更加痛苦。我们之所以害怕苦，是因为我们还没有树立起一个正确的苦乐观。

没有苦，哪来的甜呢？苦是乐的源头，乐是苦的归结。"不经风霜苦，难得蜡梅香？"成功的快乐是由艰苦奋斗后所产生的。古人"头悬梁，锥刺股"，可见，他们下苦功实现上进之志，本身就是一种快乐。

做一件艰苦的事，我们不能埋怨。一旦有了成功的希望，有了奋斗的目标，苦尽甘来的日子就不远了。

苦的滋味的确让人觉得不好受，甜、乐的滋味人人都喜欢。艰苦的劳动、挫败和失败与苦味一样，几乎没有人想特意去领受；而成功的喜悦则是大家都梦想得到的。但是，想要享受成功的喜悦，多半先要饱尝找寻成功的艰辛。

人生的悲苦从来都是无法逃避的，多苦少乐是人生的必然。因

尘世悟语 淡定与舍得的智慧

此，我们应该学会能苦会乐的那份坦然和化苦为乐的那份智者的超然。

有这样一个关于"苦"的故事：

寺院中有十几个弟子要出去朝圣。临走时，他们的师父拿出一个青青的苦瓜，对弟子们说："你们随身带着这个苦瓜吧，记得把它浸泡在每一条你们经过的圣河，并且把它带进你们所朝拜的圣殿，放在圣桌上供养，并朝拜它。"

弟子们在朝圣的过程中走过许多圣河圣殿，他们都严格地依照师父的教导去做了。回来以后，他们把苦瓜交给师父。师父叫他们把苦瓜煮熟，当作晚餐。苦瓜煮熟后，师父尝了一口，然后语重心长地说："真是奇怪，这个苦瓜泡过这么多的圣水，进过这么多的圣殿，竟然没有变甜。"弟子们听了，个个都立刻开悟了。

这是一种明智的教化，苦瓜本来就是苦的，不会因为泡过圣水、进过圣殿而改变了其苦味。人生是苦的，修行也是苦的，这一点即使是圣人也不可能改变，因此，我们时刻都要做好吃苦的准备。煮熟了的苦瓜，当我们吃它第一口的时候，也许苦得不能下咽，如果我们继续吃第二口、第三口，这时就不会觉得那么苦了！

生活中我们要正确认识苦的滋味，唯有真正面对事物的真相，我们才能从中解脱。所有的事情唯有就当下去面对它、解决它，不期待未来，才能更好地解决和处理。苦为乐，乐为苦，苦与乐的感受全在于一心，只有真正了悟"苦乐一体"的道理，摒除苦乐的俗世划分标准，体验到"大乐"，这才是真正的乐啊！因此，不要再逃避苦，接纳一切苦与乐，用自己的全部感受去体验世间的所有。

为善不求人知

　　常人在做好事时总是免不了要让外人知道自己的善行，只有让外人知道了自己做的善事后才能活得心里踏实。其实，真正心善的人是无论自己做过何种好事都不会在外人面前留下任何痕迹。也就是说，我们不要为了做好人好事而用"善"的观念把自己束缚起来。为善不求人知，这才是为人处世的最高境界。

　　一个男士去拜访一位住在大山里的禅师，与他讨论关于美德的问题。这时候，一个强盗也找到了禅师，他跪在禅师的面前说："禅师，我的罪过深重，这么多年来我一直被这个问题搅得寝食难安，难以摆脱心魔的困扰，所以我才来找您，请您为我澄清心灵上的困惑。"

　　禅师微笑着对他说："你找我可能找错人了，我的罪孽可能比你的更深重。"

　　强盗说："以前我做过许许多多的坏事。"

　　禅师说："我曾经做过的坏事肯定比你做的还要多。"

　　强盗又说："我曾经杀过很多人，只要我闭上眼睛就能看见他们的鬼魂。"

　　禅师也说："我也杀过很多人，我不用闭上眼睛就能看见他们的鬼魂。"

　　强盗说："我做的事情没有一点人性可言。"

　　禅师回答："我都不敢去想那些我以前做过的没人性的事。"

　　强盗听禅师这么一说，他用一种鄙夷的目光瞄了一眼禅师，说："既然你是这么一个人，为什么还在这里自诩为禅师，还在这里骗人呢?"

于是这位强盗愤怒地站起来,连声招呼都不打就下山去了。

那位男士站在一旁,闭口不言,等到那个强盗离开以后,他满脸疑惑地向禅师问道:"你为什么要这样说?我知道你是一个品德高尚的人,一生中从未杀过生。你为什么要把自己描绘成是个十恶不赦的坏人呢?难道你没有从那个强盗的眼中看到他已对你失去信任了吗?"

禅师答道:"我知道他的确已经不信任我了,但是你难道没有从他的眼睛里看到他如释重负的感觉吗?还有什么比让他弃恶从善更好的呢?"

那位男士激动地说:"我终于明白什么叫作美德了!"

禅师用善意的谎言引导强盗弃恶从善,他把他的善意用伪装的罪恶来掩饰,这是一种默默的大善啊!

真正的善是默默无声的,把善意埋藏在心底,行善无迹。行善不在于勉强为之,它是自然流露出来的。有时,行善因其不为人知而更加幸福。

一个小伙子潇洒地吹着口哨,在一片草地上表演着。突然,他看到不远处的一把椅子上端坐着一个可爱的女孩儿。阳光明媚,绿草如茵,而女孩儿的眼里充满了愁苦和忧郁。小伙子看到后随手采了一根狗尾草,走到女孩面前并且微笑着把它送给女孩儿,而后吹着快乐的口哨走了。

有一天,一个洒水车司机发现了一位衣衫褴褛的小男孩儿一直尾随其后,一条街,又一条街。司机终于忍不住好奇,便停车问那位男孩儿。原来小男孩儿是个孤儿,今天是他的生日,而洒水车放出的音乐,正是那首《祝你生日快乐》。司机得知原委后,泪水模糊了他的双眼。他随后邀请那位小男孩儿坐在驾驶室。那个清晨，整个城市弥漫着温馨的生日歌。

慈悲是发自内心的，而不是出于勉强，它像甘露一样从天而降，滋养着大地的生灵。

大智若愚

做学问的最高境界究竟是什么样的？是无所不知，还是一无所知？学有所长，本是好事，然而，有时候一个人在某一方面的学识到达一个很高的境界时，反而会妨碍他学习其他的知识，造成他在其他方面的"无知"。反过来讲，内心始终宁静，没有先入为主的观念，就是最高的学问境界。弘一法师在给人们讲道时，经常用苏格拉底的事例来佐证"无知"是求知的最高境界。

希腊著名哲学家苏格拉底也是一位"无知"的智者，他说："许多人认为我有渊博的学问，其实我什么都不懂。"他曾经作过一个生动的比喻，他画了两个圆圈，一大一小。他对他的学生说，大圆好比是他，小圆好比是某个学生，圆的面积代表知识，圆的周长代表与未知领域的接触，两圆之外的空白都是他们的无知面。圆的面积越大，相应的周长也越长，这就表明知识越丰富的人，他所不知道的东西就越多。苏格拉底一再宣称自己"毫无智慧"，同时又津津乐道于这样一个神谕，即当他向神殿提出"有什么人比我更贤明"时，得到的回答是"没有一个人比你更贤明"。

如果将哲学比喻成一个人，从其广阔的理论视野和博大的智慧胸襟的角度看，哲学真的是无所不知，从平淡无奇的日常生活到波澜壮阔的历史革命，从千年前的奇思妙想到当今的智能科学，无一不涉及哲学。然而，从事物的具体性和特殊性的角度看，哲学又是一无所知的，他无法告诉你几亿年前的宇宙是怎样的，也不能告诉你机械是怎样运作的，甚至不能具体地告诉你心脏是如何跳动的，相对于科学，哲学又是一无所知的。

世界著名美籍华裔物理学家丁肇中先生在 40 岁时便获得了诺贝尔物理学奖。了解丁肇中的人都知道，他在接受采访或提问时，无论是本学科问题还是外学科问题，也无论提问者是业内人士还是业外人士，丁肇中经常给出的回答是三个字——"不知道"。他曾经解释："不知道的事情绝对不要去主观推断，而最尖端的科学很难靠判断来确定是怎么回事。"

一位骄傲的人为了难倒一位年长的学者，于是，他绞尽脑汁，收集了历史、哲学、化学、物理等各个领域的未解之谜，把所有的难题都摆在了老人的面前，并且让这位学者用一句话将所有问题的答案讲出来。老人轻松地笑了笑，随即用一句话说出了他的答案——"我全都不知道"。这位自命不凡的人其实还是未能难住这位"无知"的智者。

真正的学问到了最高的境界便是"无知"。学问充实了以后，自己却感觉到还有更多领域的知识还不懂，这才是有学问的真正境界，无所不知而又一无所知。

人生需要厚积薄发

在漫漫的人生中，如在某人年轻时，或是修道还没有成功之时，或是在逆境之时，都必须能够"沉潜"下来，等待时机的到来。只有修炼到相当的程度，才能升华高飞。

一位屡屡失意的年轻人来到普济寺，他找到释圆高僧，哭丧着脸对他说："人生倒霉透了，这样的人生已经没有什么意义了，与其苟且活着，不如死了算了。"

释圆大师只是静静地听着年轻人的抱怨和叹息，最后，他吩咐小和尚说："施主远道而来，烧一壶温水送过来。"不一会儿，小和尚送来了一壶温水，释圆大师抓了些茶叶放进杯子里，然后倒入适量的温水，端到年轻人的面前，微笑着请年轻人喝茶。

年轻人疑惑地问道："宝刹怎么喝温茶？"释圆大师笑而不语。

年轻人喝了一口，细品着，不由得摇了摇头，说道："怎么连一点茶香都没有啊。"

释圆大师说："这可是闽地名茶铁观音啊。"

年轻人又端起杯子品尝，然后肯定地说："真的是没有一丝茶香。"

释圆大师又吩咐小和尚："再去烧一壶沸水送过来。"

又过了十几分钟，小和尚便提着一壶冒着浓浓白气的沸水进来。释圆大师起身，拿了一个新的杯子，重新放入茶叶，倒入沸水，再端到年轻人面前，递给他。年轻人俯首看去，茶叶在杯子里上下沉浮，<u>丝丝清香不绝如缕</u>，望而生津。

年轻人欲去接茶杯，释圆大师急忙拿开，又提起水壶注入一线沸水。此刻，茶叶翻腾得更厉害了，一缕更醇厚、更醉人的茶香袅袅升腾，在禅房弥漫开来。释圆大师总共注了五次水，杯子终于满了，淡绿的茶水端在手上清香扑鼻，入口沁人心脾。

随后，释圆大师笑着问那位年轻人："施主可知道，同是铁观音，为什么茶味异样吗？"

年轻人思忖着说："一杯用温水，一杯用沸水，冲沏的水

尘世悟语 淡定与舍得的智慧

不同。"

释圆大师点点头："水温不同，则茶叶的沉浮就不一样。温水沏茶，茶叶轻浮在水面上，茶叶也泡不开，所以就散发不出来清香；沸水沏茶，反复几次，茶叶沉沉浮浮，释放出四季的风韵：既有春的幽静和夏的炽热，又有秋的丰盈和冬的清冽。世间之事，也和沏茶是同一个道理。就像沏茶的水温度不够，就不可能沏出散发诱人香味的茶水一样，你自身的能力不足，要想处处得力、事事顺心是不可能的。要想摆脱失意，最有效的办法就是苦练内功，切不可心生浮躁。"

人生如茶，只有水温够了，时间够了，茶香才会慢慢地飘散出来。人生需要慢慢积淀，当时机成熟，有了一定的基础和能力作为本钱，一定能够锦上添花。

一位年轻画家在他刚出道时，三年里都没有卖出一幅画，这让他很失意。于是，他去请教一位世界著名的画家，他想知道为什么自己整整三年居然连一幅画都卖不出去。那位著名的画家微微一笑，问他每画一幅画大概需要多长时间。他说大约一两天，最多不会超过三天。那位著名的画家就对他说："年轻人，你可以改变一下你作画的时间，你用三年的时间去画一幅画，我敢保证你的画只用一两天就可以卖出去，最多不会超过三天。"

是的，用三年的时间来画一幅画，当然要比用三天画的画质量高得多。

人人都想一步登上天，但是只有时机成熟了，才能达到一步登天的愿望；如果时机不成熟，再着急也是无济于事。做任何事情都要厚积薄发，时机未到时，静若处子，沉心定气，卧薪尝胆；一旦时机成熟，动如脱兔，灵敏应对，抓住机遇，扶摇直上。

苦难显才华，好运隐天资

人们都注意过这样一个现象：流水在河流中缓缓行进，在碰到有抵触的暗礁或障碍物时，缓缓的流水的活力突然被激发释放，水流的流速反而加快了。坚强的人在面对生活中的挫折和一时失利时，也是这样顽强和充满活力。

从前，在一个偏僻深山的寺庙里，有位归省禅师，他担任这座寺庙的住持已经很多年了，可谓德高望重。住持，是一寺之首，故由年高德劭的归省法师担任。虽然他地位崇高，一般不负责实际日常工作。负责日常事务的是监院，俗称"当家的"，主管全寺经济收支。在这个寺庙里，法远和尚因为善于精打细算，能够合理安排膳食，归省法师就任命他做监院。

平日里，寺庙的僧人们受佛教戒律的约束，过着清苦禁欲的生活。饭菜品种，多为大烩菜，用植物油，杂以山药、豆角、白菜等，并佐以金针、蘑菇、粉条等，称为罗汉菜。主食以白面、小米、莜面、玉米面为主。

有一年，遇上大旱，庄稼几乎颗粒无收，这个寺庙的生计不管怎么精打细算，还是个大问题，因为没有进项，巧妇难为无米之炊啊。平常时候，寺庙的少量土地大部分给当地农民租种，僧人也自耕自种，并且，常有善男信女布施钱物，寺庙僧众生活亦无困难。甚至还有余钱用于做功德善事，维修寺庙。

可是，眼下大旱时节，信徒们自己的生活都没有着落，哪还有多余出来的奉献给寺庙呢？寺里的僧人们只好每天喝能照见人影子的稀粥，吃从地里挖的野菜，个个面黄肌瘦，营养不良。还有人出

尘世悟语 淡定与舍得的智慧

现了浮肿的症状。

有一天，住持出寺化缘。法远看众人都饿得眼睛昏花、少气无力，就召集大家拿出库里储藏的面，做起馒头来。馒头还没蒸熟，不知怎的，刚出门的归省禅师就回到了寺庙，僧人们吓得面色苍白，支支吾吾说不出话来。归省禅师发现法远把应急的面粉都用来做馒头了，不由得发起火来："谁让你们这么干的？这日子还过不过了？都一下子做成馒头了，以后还用什么斋？"

法远见老禅师稍微平静了些，走过来说："这事是我的主意，弟子们都饿了这么多天了，面黄肌瘦，我看大家可怜，就把应急的面擅自拿出来做馒头，让大家增加些体力。我考虑不周，这样的大事没有请示您，而是擅自做主，请师父谅解。"

法远毕竟年轻，没有经历过饥馑荒年，不知道荒年应当怎么应对；老禅师却明白眼下形势的严峻，如果不勒紧腰带，恐怕难以渡过难关。老禅师刚才出寺化缘，想到一般百姓也在挨饿，才半路上折转回来。所以，老禅师严厉地发话："依照戒规打二十大板，打出寺门！"

法远带着身上的伤，神情沮丧地离开了寺庙，他的身影渐远渐小，消失在了山雾中。

寺庙的僧人们继续在饥饿难耐的考验下苦熬。有一天，归省禅师偶然发现寺庙的后院墙外有个人躺卧着，起初还以为是附近的山民，走过去一看，原来是前些日子被驱逐出去的法远。

原来，法远那天并没有走远，他想来想去，还是没有下山，而是悄悄回来，在寺庙后院靠墙搭了个小棚子，在一个小角落栖息了下来。无论严寒酷暑，还是冰雹雨雪，他都在诵经念佛，不曾有一日懈怠。

归省禅师看见是法远，便问他：“你在这里住了多长时间了？”

“少说也有大半年光景了。”

“这里是寺庙属地，不能白住。交地租了吗？”

“没有。”

“没有交地租你就这样胆敢常住！你要在此地住下去，就赶快补交地租！”

法远没有多说什么，他心中对老禅师充满尊敬，所以，老禅师这样吩咐了，他就努力想办法去。他托着钵默默地走向山下，走了不知多少天，到了人口密集的市镇，在那里为人诵经做佛事，得来的钱一分也舍不得花掉，都拿回来交了地租。

归省禅师看法远的行事，心中高兴。后来，归省禅师圆寂后，法远继承了归省禅师的衣钵，成为了一代禅师。

生活中的挫折磨难是锻炼意志、增加能力的好机会。事情的成败以结果为断，中间的波折不足为论。人人都会遇到挫折，都会做错事，可是，在挫折和打击面前人们的态度大不一样。有的人十分脆弱，一次打击，就把他击垮了，从此一蹶不振；而有的人，愈挫愈勇，再鼓起勇气向前走，这样的人往往能够成功。要结出甜蜜的果实，果树不仅仅需要阳光的恩泽普照，也需要在暗夜中温度低的时候将营养转化为糖分，白天夜间温差愈大，结出的果实越甜蜜。一个人良好品性的养成同样不仅仅需要关怀指导，也需要考验和困难的历练。

放下才能得到解脱

人生在世，几乎所有的苦恼都来自于拿不起，或放不下，或二者兼而有之！于情于事，于权于利，于人于己，皆是如此！这就是生活中，之所以有的人活得特别轻松，而有的人活得特别累的原因。活得轻松的人是拿得起、放得下，而活得特别累的人是拿得起、放不下。生活中有很多事不得不放弃，也不得不放下，放弃应该放弃的才是人生最高境界。

人生在世，大致有如下几种活法：拿得起放得下，拿得到放不下，拿不起放得下，拿不起放不下。唯独拿得起又放得下，才能成就最完美的人生。

但在付诸行动时，"拿得起"容易，"放得下"却难。所谓"放得下"，是指心理状态，就是遇到"千斤重担压心头"时能把心理上的重压卸掉，使之轻松自如。生活中不顺心事十有八九，要做到事事顺心，就要拿得起放得下，不愉快的事让它过去，不放在心上。

有一个富翁背着许多财宝到处收购快乐，可是他旅游了十年，走遍千山万水，也没能买到快乐。

一天他在山路边休息，刚好有个农夫背着一大捆柴草从山上走下来，于是上前问道："我是个很有钱的富翁，世界上没有我买不来的东西，可我就是活得一点儿都不快乐。我已经走遍了世界各地，至今一无所获，你知道哪里可以找到快乐吗？"

农夫放下沉甸甸的柴草，慢慢地擦去汗水，舒心地笑起来："快乐其实很简单，放下就是快乐啊。"

富翁顿悟："原来放下身上的重负就是快乐，我背着这么多的财宝，到处旅游，总是担心被别人抢走，被别人骗去，从不敢放下，哪儿能得到快乐啊！"

执着这件事情是很微妙的，有时候是故意的，有时候不由自主。好比说，有的人，你每天都和他见面，却连他叫什么名字，长什么样子都记不住；有的人，虽然你只见过他一面，却怎么都忘不了他，甚至一辈子都记得他，这就是执着！因为心里面有爱、有欲，所以对同样的东西产生了不同的念头。一旦你把世俗的杂念抛开，你就会发现，哪里有执着啊？

著名禅僧原坦山在年轻的时候就悟道很深，经常做一些别人看起来很怪异的事情。

一天，原坦山和一位师弟一起下山，经过一条小河时遇到一位漂亮姑娘。

因为刚刚下过雨，河水虽然不怎么深，却很混浊，也没有木桥，姑娘就被困在了河边。

原坦山看到姑娘一脸焦急而窘迫的神情，上前施礼问道："请问姑娘，是想过河吗？"

"是呀，"姑娘点点头，无奈地回答，"水太脏了，我怕把衣服弄脏了……"

"姑娘莫急，"原坦山安慰她道，"贫僧抱你过河，好吗？"

姑娘等了好久才遇到有人帮忙，而且是个彬彬有礼的和尚，略一迟疑，就点头应允了。

于是，原坦山抱起姑娘就走。到了对岸，原坦山轻轻放下姑娘，念了一句"阿弥陀佛"，就若无其事地转身走了。

师弟看见原坦山主动和姑娘打招呼，还抱着她过了河，坦然自若，仿佛什么事也没有发生过似的，感到颇为震惊。可是身为师弟，又不敢教训师兄，他一路上撅嘴板脸，闷不吭声，心中对师兄大为不满。原坦山也不理他，只管自己走路。

快到寺院的时候，师弟终于忍不住说："师兄，你实在不像话，身为出家人，怎么可以搂抱年轻女子，坏了佛门清规，简直无法无天！你忘了我们佛门的清规戒律了吗？"

看着师弟正气凛然的神情，原坦山不以为然地反问道："什么女子？在哪里啊？"

"又来了，过河的时候你不是抱了个漂亮姑娘吗？是我亲眼所见，你想耍赖啊……"

"哈哈……"原坦山仰面而笑，"是那个女子啊，过河之后我就把她给放下了，你怎么还抱着呢！"

一句话噎得师弟半晌说不出话来。后来这件事儿传到方丈那里，方丈不但没有责罚原坦山，反而更器重原坦山了。

有一则故事说，法国人从莫斯科撤走后，一位农夫和一位商人在街上寻找财物。他们发现了一大堆未被烧焦的羊毛，两个人就各分了一半捆在自己的背上。

归途中，他们又发现了一些布匹，农夫将身上沉重的羊毛扔掉，选些自己扛得动的较好的布匹；贪婪的商人将农夫所丢下的羊毛和剩余的布匹统统捡起来，重负让他气喘吁吁、行动缓慢。走了不远，他们又发现了一些银质的餐具。农夫将布匹扔掉，捡了些较好的银器背上；商人却因沉重的羊毛和布匹压得他无法弯腰而作罢。这时，天降大雨，饥寒交迫的商人身上的羊毛和布匹被雨水淋湿了，他踉跄着摔倒在泥泞当中；而农夫却一身轻松地回家了，他变卖了银餐具，生活富足起来。

放下就是要忘掉，忘得一干二净。有人问你还恨不恨你的仇人，你说自己不恨他了。别人会信吗？可能你自己也将信将疑吧？如果你说自己哪有什么仇人，连自己都不记得有这个人，那说明你真的放下了，就没有烦恼了。烦恼都是自找的。只有放得下才能获得解脱，才能活得快乐、幸福。

收获源于耕耘

在一家寺院里，有一位老住持的禅房里摆放着一盆四季常青、叶茂果灿的佛手，绿叶间伸出的色泽金黄的果子，恰似观音菩萨的手。佛手沁人心脾的馥郁香气，常常弥漫着老住持的整个禅房，令人赏心悦目、神清气爽。

寺院里的僧侣们每天早晨都来观赏老住持的这盆茂盛而神奇的佛手，既羡慕又崇敬。僧侣们都向老住持要佛手带回各自的禅房去种。

后来，善良的老住持采用扦插、嫁接等方法培植了许多盆小佛手，等到这些小佛手都长大一点了，他就一一分发给寺院里的众僧，让他们各自带去培养和观赏。老住持之所以送僧侣们佛手，是有他的用意的。

可是，一年之后，老住持到各位僧侣的禅房巡查他们种植佛手的情况时，他发现不少僧侣们的佛手已经枯萎了，有的甚至只剩半盆腐土了，更别说结出佛果了，就连绿叶也不见了。

为此，生气的老住持召集所有的僧侣们专门召开了一次法会，对那些珍惜馈赠、勤于管理，经常为佛手施肥和浇水，把佛手养植得枝繁叶茂、佛果累累的僧侣们予以表扬；而面对那些性情懒散、疏于管理，得到佛手之后，就抛弃在一边，任其自生自灭的僧侣们提出了严厉的批评和训斥。

这则佛家故事说明的道理其实很简单，就是你若想有所收获，就一定要有所付出。当前许多职场人士都希望获得高薪，拥有良好的工作环境，但是他们却不愿意在工作中有所付出，只想获得高薪，并且有大把的时间去做自己的私事。

要在职场中生存、竞争，想收获多少薪水和福利，就必须付出多少的劳动成果。做任何事情，只有先自己付出，才会有所得。其实，也正如上文的故事中所说的一样，无论是老住持馈赠的佛手，还是做其他事情，只有做一个有心人，既珍惜又重视，并为之付诸行动，付出相应的汗水，作出应有的贡献，才能发扬光大、有所长进，拥有自己的"佛手"和"馨香"。

人生是持之以恒

人生要在最后看结论，要在艰难困苦或经历许多之后才得到他人的最终表现。人格坚定的人在时代的大风浪来临时，人格还是挺然不动摇，不受物质环境影响，不因社会时代不同而变动。

持之以恒的人会在人生的后程发力，经过长时间的积蓄，厚积薄发，往往能笑到最后。

简单来说，人生的定论总要在经过一定事情之后才能得出，而不由个人的禀赋决定。

弟子们问禅师："老师，如何才能成功呢？"

禅师对弟子们说："今天咱们只学一件最简单也是最容易的事。每人把胳膊尽量往前甩，然后再尽量往后甩。"说着，禅师示范了一遍，说道："从今天开始，每天做 300 次。大家能做到吗？"

弟子们疑惑地问："为什么要做这样的事？"

禅师说："做完了这件事，一年之后你们就知道如何能成功了！"

弟子们想："这么简单的事，有什么做不到的？"

一个月之后，禅师问弟子们："我让你们做的事，有谁坚持做了？"大部分的人都骄傲地说道："我做了！"禅师满意地点点头说："好！"

又过了一个月，禅师又问："现在有多少人坚持了？"结果只有一半的人说："我做了！"

一年过后，禅师再次问大家："请告诉我，最简单的甩手运动，还有几个人坚持了？"这时，只有一人骄傲地说："师父，我做了！"

禅师把弟子们都叫到跟前，对他们说："我曾经说过，做完这件事，你们就知道如何能成功了。现在我想要告诉你们，世间最容易的事常常也是最难做的事，最难的事也是最容易的事。说它容易，是因为只要愿意做，人人都能做到；说它难，是因为真正能做到并持之以恒的，终究只是极少数人。"

后来一直坚持做的那个弟子成为禅师的衣钵传人，在所有的弟子中只有他成功了！

人生也是如此，不管是工作还是生活，我们要保持一种韧性，这样持之以恒才能成功。莎士比亚说过，斧头虽小，但经过多次劈砍，终究能将一棵最坚硬的橡树砍倒。

有一个年幼的孩子，一直想不明白自己的同桌为什么每次都能考第一，而自己每次却只能远远排在他的后面。回家后，他问道："妈妈，我是不是比别人笨？我觉得我和他一样听老师的话，一样认真地做作业，可是，为什么我总比他落后？"妈妈听了儿子的话，感觉到儿子开始有自尊心了，而这种自尊心正在被学校的排名伤害着。她望着儿子，没有回答，因为她不知该怎样回答。

又一次考试后，孩子进步了，考了第 20 名，而他的同桌还是

第一名。回家后，儿子又问了同样的问题。她真想说，人的智力确实有高低之分，考第一的人，脑子就是比一般的人灵。然而这样的回答，难道是孩子真想知道的答案吗？她庆幸自己没说出口。应该怎样回答儿子的问题呢？有几次，她真想重复那几句被上万个父母重复了上万次的话——"你太贪玩了；你在学习上还不够勤奋；和别人比起来还不够努力……"以此来搪塞儿子。然而，像她儿子这样脑袋不够聪明，在班上成绩不甚突出的孩子，平时活得还不够辛苦吗？所以她没有那么做，她想为儿子的问题找到一个完美的答案。

儿子小学毕业了，虽然他比过去更加刻苦，但依然没赶上他的同桌，不过与过去相比，他的成绩一直在提高。为了对儿子的进步表示赞赏，她带他去看了一次大海。就在这次旅行中，这位母亲回答了儿子的问题。母亲和儿子坐在沙滩上，她指着海面对儿子说："你看那些在海边争食的鸟儿，当海浪打来的时候，小灰雀总能迅速地起飞，它们拍打两三下翅膀就升入了天空；而海鸥总显得非常笨拙，它们从沙滩飞向天空总要很长时间，然而，真正能飞越大海横过大洋的还是它们。"

第三章　珍惜当下，知足常乐

知足是对自己有全面的认识之后，知道自己的能力和才学能达到何种程度和境界而做出的一种达观的认知。没有真正体验过生活的人，无法感受到知足常乐的境界。知足是一种处世的态度，常乐是一种释然的情怀。知足常乐，贵在调节！

把握当下

在纷扰复杂的社会中，要保持良好的心态和平和的心境，有一个好的方法，就是把握当下。每个人的生命只有一次，过去无法改变，未来尚未发生。只有当下才是最为真实的，它承载过去，连接着未来。只有把握好当下，才能创造未来的辉煌，让人生变得丰盈而美好！

一个和尚深切渴望能够早日得悟正道，于是就到深山中苦修。

一天，这个和尚在山林中行走，边走边苦思一个经书上解不开的难题。突然他闻到了一股腥味，猛一抬头，前面的山路上赫然有一只猛虎，正在朝他扑来。

见状，和尚大吃一惊，情急之下，连忙转身撒腿就跑，似乎跑得特别快。那只老虎在后面远远地追着，和尚愈跑愈快，眼看就可以逃脱猛虎的威胁了，和尚心中的恐惧感慢慢减弱了。

原想就这样可以高枕无忧了，和尚没有想到自己只顾拼命奔跑，丝毫没看周围的环境。跑着跑着，他竟跑到了一处悬崖边。眼看就要掉下万丈深渊，由于求生的本能，和尚仍不肯放弃最后一线希望，他死死地抓住树藤。经过了一小会儿的挣扎，他壮大胆子往下望去，同时心中想着，悬崖底下若是深涧，自己冒着危险纵身一跳，或许还可以侥幸逃离虎口。

悬崖底下果然是一道极深的山涧，只不过，水中隐隐约约还露出几段枯木似的东西，漂浮在山涧里。和尚仔细看了看，那些枯木竟然是一大群鳄鱼。

正当他思索着该如何处置眼前状况的同时，那只猛虎已经追到。它倏地往前一扑，和尚没有退路了，只能往山涧中一跳，手中却还是紧紧地抓着悬崖边垂下的一条树藤，就这样让自己凌空悬挂在悬崖边。

和尚希望凭着自己的臂力多支持一会儿，等到老虎失去耐心离去，可能还有一线生机。

这时候，悬崖边不知从哪儿冒出一黑一白两只老鼠，竟不约而同地啃食起和尚手握的那条树藤。眼看两只老鼠再啃几下，树藤就要断了，和尚也将落入鳄鱼的口中。

和尚望着那两只老鼠，心中顿时醒悟：这两只老鼠岂不象征白天与黑夜，不断地在啃食人们生命的剩余时光；而老虎、鳄鱼，则是自己一直不愿去坦然面对的恐惧。在生命即将结束的这一刻，和尚终于领悟到生命中最重要的就是要让自己活在当下。

瞬间，老虎、鳄鱼、老鼠全都不见了，和尚好端端地站在山林之中，脸上露出阳光般的笑容。

时间飞逝，如果我们没有及时把握，就会错失很多良机。所以，我们要把握现在，活在当下，而不能生活在过去和未来之中。

把握今日的幸福

人要把握当下的幸福。当我们拥有的时候，千万要懂得珍惜。只有把握了当下，才能享受到生活的幸福。

据说，圆音寺的横梁上有只蜘蛛有了佛性。

有一天，佛祖光临了圆音寺，对蜘蛛说："我来问你个问题，世间什么才是最珍贵的？"

蜘蛛想了想，回答说："世间最珍贵的是'得不到'和'已失去'。"佛祖点点头就离开了。

过了一千年，佛祖又来了，对蜘蛛说："那个问题你有更深的认识吗？"

蜘蛛说："我觉得世间最珍贵的是'得不到'和'已失去'。"

又过了一千年。有一天，刮起了大风，风将一滴甘露吹到了蜘蛛网上。蜘蛛望着晶莹透亮的甘露，顿生喜爱之情。突然，刮起了一阵大风，将甘露吹走了。蜘蛛一下子觉得失去了什么，感到很伤心。这时佛祖又来了，问蜘蛛："世间什么才是最珍贵的？"

蜘蛛说："世间最珍贵的是'得不到'和'已失去'。"

佛祖说："好，那我让你到人间走一遭吧。"

蜘蛛投胎到了一个官宦家庭，名叫蛛儿。一晃蛛儿长到 16 岁了，成了婀娜多姿的少女。

有一天，皇帝在后花园为新科状元郎甘鹿举行宴席。席间，来了许多妙龄少女，包括蛛儿和长风公主。蛛儿觉得这是佛祖赐予她的姻缘。但是，几天后，皇帝命新科状元甘鹿和长风公主完婚；蛛儿和太子芝草完婚。蛛儿深受打击，灵魂就要出壳。太子芝草赶来，对蛛儿说："在后花园众姑娘中，我对你一见钟情。如果你死了，我也就不活了。"说着就拿起了宝剑要自刎。

这时，佛祖来了，他对蛛儿说："你可曾想过，甘露（甘鹿）是由谁带到你这里来的呢？是风（长风公主）带来的，最后也是风将它带走的。甘鹿是属于长风公主的，他对你不过是生命中的一段插曲。而太子芝草是当年圆音寺门前的一棵小草，它仰慕你三千年，你却从未低头看过它。我再问你，世间什么才是最珍贵的？"此时，蛛儿大彻大悟。

世间最珍贵的不是"得不到"和"已失去"，而是现在能把握的幸福！昨日的已过去，明日的还没到来，只有今日的最可贵。珍惜现在，紧紧把握你今日所拥有的，你将是天下最幸福的人。

现在的时间才是最重要的

人的一生似乎都在寻觅，寻找永恒不变的幸福，寻找功盖千秋的伟业。为此人们劳苦终日，行色匆匆。也许到了弥留之际，都找不到自己要找的东西。因为要找的东西可能早已擦肩而过了。

远古的时候，有一位皇帝遇到了这样一件事情。即有三个问题，只要他知道了这三个问题的答案，他就永远不会再有任何麻烦：做每件事情的最好的时间是什么？与你共事的最重要的人是谁？任何时候要做的最重要的事情是什么？

为了得到更加标准的答案，皇帝在全国张贴了榜文，告示说：无论是谁，能够回答这三个问题，都将会得到重赏。天下的百姓纷纷献出自己的答案，一时间，答案多如牛毛，但皇帝对所有这些回答都不满意。于是，他想出一个办法，就是把自己装扮成一个朴实的农民，独自一人登山去寻找一位隐者。

当皇帝找到这位隐者的时候，隐者正在茅棚前的菜园里挖地，这个工作对年老的隐者来说显然很吃力。皇帝说："我来这儿请你帮忙回答三个问题：做每件事情的最好的时间是什么？与你共事的最重要的人是谁？任何时候要做的最重要的事情是什么？"

隐者注意地倾听着，但是他只拍了拍皇帝的肩膀，就继续挖他的地去了。皇帝说："您一定很累了，让我助您一臂之力吧。"隐者谢过皇帝，把铁锹递给他，然后坐到地上休息。

太阳就要下山了。皇帝放下铁锹，对隐者说："如果您不能回答我的问题，请明白地告诉我，我好上路回家。"

正说着，皇帝突然看见一个人手捂着胸前流血的伤口拼命跑来。皇帝帮伤者包扎好伤口，和隐者一起把他抬到茅棚里的床上。因为一整天又爬山又挖地，皇帝倚着门口很快就睡着了。当他醒来的时候，太阳已经升起来。有一刹那，皇帝忘记了自己身处何地，忘记了自己到这儿来是干什么的。

他发现那个受伤的男人正在困惑地打量着他。男人用极其微弱的声音说："请原谅。"

"但是。你干了什么要我原谅呢？"皇帝问。

"在上一次战争中，您杀死了我的兄弟，抢走了我的财产，我曾经发誓要向您复仇。当我得知您要独自一个人上山来找这位隐者的时候，我决定在您回来的路上出其不意地杀死您。但是，我遇到了您的侍从，他们把我砍伤了。如果没有遇见您，现在我肯定已经死了。我原本想杀您，可是您却救了我的命！我发誓余生要做您的仆人，请原谅我吧。"

皇帝没有想到这么容易就与一位宿敌和好了。回宫以前，皇帝最后一次重复了他的三个问题。隐者看着皇帝说："但是你的问题已经得到解答了。"

"什么？"皇帝迷惑不解地问。

"昨天，如果你没有因为我年老而对我生起了怜悯心，从而帮我挖这些苗圃的话，你肯定会在回家的路上受到那个人的袭击。因此，最重要的时间是你挖地的时间，最重要的人是我，最重要的事情是帮助我。后来，当那个受伤的人跑到这儿来的时候，最重要的时间是你帮他包扎伤口的时间，否则他肯定会死的，你就失去了与他和解的机会。同样地，他是最重要的人，而最重要的事情是照看他。记住，只有一个最重要的时间，那就是现在，当下是我们唯一能够支配的时间。最重要的人总是当下与你在一起的人，而最重要的事情是使你身边的那个人快乐，因为只有这个才是生活的意义所在。"

唯有把握眼前的一切，才能得到幸福。我们总是生活在现在，而不可能生活在过去或将来之中，因此，作为一个最有智慧的人，肯定会最珍惜现在。

幸福的真谛是知足

人就是这样，拥有花了，就去深嗅花的芬芳；拥有草了，就去欣赏草的青绿。怀有一颗知足心，品尝已有的果实和美味，才能获得真实的快乐。

有一个大国的国王，名叫察微。有一次，在空闲的日子里，察微王穿着粗布衣服，去巡视民情。在一条大街上，他看到一个老头正在愁眉苦脸地补鞋，他走上前去与老头开玩笑地说："天下的人，你认为谁是最快乐的？"

老头儿头也不抬，不假思索地回答："当然是国王最快乐了，难道是我这老头儿呀？"

察微王问："那么他怎么快乐呢？"

老头儿回答道："百官尊奉，万民贡献，想要什么，就能有什么，天下的一切都是他的，这当然很快乐了。哪像我整天要为别人补鞋子这么辛苦。"

察微王说："那倒如你讲的。"

说完，他便请老头儿喝葡萄酒。老头儿醉得如烂泥一般，毫无知觉。察微王让人把他扛进宫中，对宫中的人说："这个补鞋的老头儿说做国王最快乐。今天我和他开个玩笑，让他穿上国王的衣服，听理政事，你们配合点。"

宫中的人齐声说："好！"

老头儿酒醒过来，侍候的宫女假意上前说道："大王醉酒，各种事情积压下许多，应该去理政事了。"

众人把老头儿带到百官面前，宰相催促他处理政事。他晕晕沉沉的，东西不分，更不要提面对的政事了。史官记下他的过失，大臣又提出意见。他整日坐着，身体酸痛，连吃饭都觉得没味道，身体也就一天天瘦了下来。

宫女假意地问道："大王为什么不高兴呀？"

老头儿回答道："我梦见我是一个补鞋的老头儿，辛辛苦苦，想找碗饭吃，日子过得很艰难，因此心中发愁。"

众人莫不暗暗好笑。夜里，老头儿翻来覆去睡不着觉，说道："我究竟是一个补鞋的老头，还是一个真正的国王？要真是国王，皮肤怎么这么粗？要是个补鞋的老头，又怎么会在王宫里？是我的心在乱想，还是眼睛看错了？一身两处，不知哪处是真的？"

王后假意说道："大王的心情不愉快。"便吩咐摆出音乐舞蹈，让老头儿喝葡萄酒。

老头儿又醉得不知人事。大家给他穿上原来的衣服，把他送回原来的破床上。老头儿酒醒过来，看见自己的破烂屋子，还有身上的破旧衣服，都和原来一样，全身关节疼痛，好像挨了打似的。

几天之后，察微王又去看老头儿。老头儿说："上次喝了你的酒，就醉得不晓人事，到现在才醒过来。我梦见我做了国王，和大臣们一起商议政事。史官记下了我的过失，大臣们又批评我，我心里真是惊惶忧虑，全身关节疼痛，比挨了打还痛苦。做梦都如此，不知道真正做了国王会怎么样。上次我说的那些话是不对的。"

补鞋的老头儿羡慕国王的生活，以为锦衣玉食、万民朝拜就是一种快乐，岂不知国王也有国王的苦恼，补鞋也有补鞋的乐趣。

其实布衣茶饭，也可乐终身。人生在世，贵在懂得知足常乐，要有一颗豁达、开朗、平淡的心。在缤纷多变、物欲横流的生活中，拒绝各种诱惑，心境变得恬适，生活自然就愉悦了。而人的所有烦恼，就在于不知足，整天在欲望的驱使下，忙忙碌碌地为着自己所谓的"幸福"追逐、焦灼、钩心斗角，甚至会贪污、强行拿别人的钱，美其名曰是借的，实际上与抢钱一样……命运是公平的，结果这种人不知不觉中就招来噩耗。

春秋时期，曾与"卧薪尝胆"的越王勾践一起同甘共苦过的范蠡，在越国最终击败吴国之后被任命为大将军。在世人看来，此时的范蠡本应享受富贵荣华，风光无限，可他却偏偏辞去官职离开越国，彻底地销声匿迹了。据《史记》记载，范蠡先是去了齐国务农，后又移至陶地经商，并更名改姓陶朱公，安享余生，直至终老。

而与范蠡同样作为越国重臣的文种，却因为贪心不足，落得个完全不同的结局。

在越国击灭吴国后，曾经在沙场上立下了汗马功劳的文种依然选择留在越王勾践的身边，完全不顾范蠡对他做出的"飞鸟尽，良弓藏，狡兔死，走狗烹"的忠告。虽然文种最后也称病辞官，可他却因为不愿放弃家乡的良田美景而继续留在了越国国内。由于他的功劳和威名实在太大，所以当奸佞小人诬陷他有兴兵作乱的企图时，早就想要除掉这个心腹大患的越王勾践也就借着这个机会，以谋反罪将文种处死了。

同样是居功至伟的朝廷重臣，范蠡和文种的人生结局却一生一死，迥然有别。归根结底，还是因为他们对待"名利"二字的态度和做法存在着太大的差别。淡泊名利的得以快乐终老，而执着于名利的却最终人财两空。

知足天地宽，贪则宇宙窄。放下肩头利欲的重担，拉住知足的手，珍惜所得到的、所拥有的一切，在知足中进取，快乐将永远陪伴左右。

积聚金钱并不重要

金钱并不是人生中最重要的东西，你要掌握金钱，而不能让金钱掌握你。

一位农民不仅种了自己的地，还种了别人的地，这样他的收入就比别人多了。尽管如此，他还是不满足现有的财产，他总是时时刻刻都在琢磨着弄到更多的钱。

有一天，在河岸边他看到水中有一块闪闪发亮的金块。他兴奋得眼前一亮，没有经过多想，他立即跳进水里捞取。但是他的手一到水里，金块就变得模糊不清了，任凭他怎么捞都捞不到。他在水里焦急地做着各种捞取金块的动作，最后他筋疲力尽。全身又湿又脏的他只好上岸休息，没想到在水波平静之后，金块又出现了。

他想不明白，自言自语道："水中的金块到底在哪里呢？我明明看到了，为什么却捞不到呢？"不甘心的他又跳下去捞，结果还是没有捞出来，他开始发脾气了。

这时，佛祖出现在他面前，看到他全身湿淋淋又脏兮兮的，问道："发生了什么事？"

农民回答："我明明看到水中有金块，但是不管怎么捞都捞不到。"

佛祖看看平静的水面，再抬头望着树，说："你看，金块不是在水中，而是在树上！"

许多人都如同这个农民一样，把积聚金钱看成是人生最重要的事情去做，结果却劳而无功，不仅没有得到金钱，而且还丢掉了比金钱更宝贵的东西。金钱有时同样是可遇而不可求的，倘若你为了得到金钱，不惜破坏或舍弃自己的人格。那么，你得到了金钱又能如何？

一个人是否有钱，与做人没有太大关系。最佳的成功之道是首先把人做好，有钱时也把事情做好，为社会创造更多的财富。

现实生活中，金钱固然很重要，我们要生活，就必须用钱来购买自己所需的生活用品。但问题是，对有些人来说，"生活必需品"较之从前的人是越来越多了。如此来看，这些人是不可能感到金钱够用的。

当然，还有另外一个原因，那就是不管赚多少，都还想要更多。我们一旦被"必须要更多"的钩子钩上，一生便无法摆脱这个束缚了。是的，这种心理的产生也有一定的理由，这种理由便是通货膨胀的威胁。即使拥有得再多，我们也会担心万一金钱贬值，到我们衰老的时候，便没有足够的钱维持我们现在的生活水平。

的确，钱财在某种程度上能够证明一个人是否成功，钱也使你不必担心账单无法支付。可是，除此之外，它似乎不再有其他的好处。

一个人即便再有钱，一次吃的牛排也是有数的。所以，金钱多的人未必就拥有幸福，他只是不必为付钞票担忧罢了。

有多少人为争夺前人留下的一笔遗产而与家人大打出手，弄得鸡犬不宁、妻离子散？这实在是人世间的一种悲哀，他们根本不知道生命中最重要的是什么。他们因为贪婪而败坏了原本幸福快乐的家庭，他们虽然怀抱着金钱，却只能与孤寂、悲哀为伴。

每个人都应小心控制自己对金钱的欲望，要时刻提醒自己，金钱只是能提供给自己更好的生活，但要高品质的生活还需要自己的生活理念的提高。所以，不要把积聚金钱当作你人生最重要的事，你的健康、家庭和朋友，才是快乐生活的保障。

尘世悟语 淡定与舍得的智慧

扫今天的落叶

人世间的任何状况犹如江河中的流水一样，每时每刻都在发生着各种变化。然而，有许多现代人仍然不知道把握今天，不珍惜眼前的机缘，却又忧心自己的未来将会如何。

有个新来的小和尚每天早晨负责清扫寺庙院子里的落叶。

每天清晨都要起床扫落叶实在是一件苦差事，尤其是在寒冷的秋冬之际，每一次起风时，成片的树叶总会随风飞舞落下。

小和尚每天早上都需要花费很长时间才能将落叶清扫完，这让他头痛不已。他一直想要找个好办法让自己轻松些，可恼的是自己总找不到。

为此，他带着这个问题到处征求别人的意见。后来，有个大和尚给他出了个主意，说："你在明天打扫之前先用力摇树，把落叶统统摇下来，后天就可以不用扫落叶了。"

小和尚觉得这是个好办法，于是，第二天他起了个大早，抱住大树使劲地猛摇。他想：这样，就可以把今天跟明天的落叶一次扫干净了。

这一整天，小和尚都非常开心。

第三天早晨，小和尚到院子一看，不禁傻眼了。院子里的落叶如往日一样，满地都是。

一位老和尚走了过来，对小和尚说："傻孩子，无论你今天怎么用力，明天的落叶还是会飘下来。"

小和尚终于明白了，世上有很多事是无法提前的，唯有认真地活在当下，才是最真实的人生态度。

落叶就如同烦恼，它并不会因为你今天多经受了而明天就会少一些，所以大可不必为明天的事忧心。

老赵躺在床上辗转反侧，怎么也睡不着，他的妻子不住地劝慰他。

老赵"腾"地一下从床上坐起来，说："老婆，明天就到还钱的日子了，可是我们家哪有钱还债啊！"

妻子说："睡吧，别胡思乱想了，想死你也还不上债啊。"

老赵说："那个债主凶得很，如果我们不还钱给他，他一定不会罢休。老婆，我该怎么办？"

妻子又说："先睡吧，或许明天早晨一起来，我们就有办法了，说不定我们会弄到钱还债的。"

老赵焦虑地说："不行啊！要是还不上债，明天我就等着挨揍吧！"

妻子实在忍不住了，爬上房顶，对邻居家的债主大声吆喝："唉！告诉你，我丈夫明天就该还债。但是你听清楚，我丈夫没钱，明天仍然还不了你的债！"

说完妻子回到家里，对老赵说："你快睡吧，这回睡不着觉的该是他了！"

据一项调查表明，40％的人身处焦虑之中，为明天可知的或不可知的变化烦心。

在日常生活中，我们听到的最频繁的一句话就是：噢，烦透了！我们总会在一定的时刻被焦虑所困扰，在不知不觉间，焦虑就像蛇一样慢慢地缠过来，我们被它包裹，无法动弹。无论你是谁，都无法摆脱焦虑的侵扰。

如果我们每天面临着一大堆焦虑的事情，心情会变得很烦躁，很没有耐心，甚至会大发脾气，认为自己受到伤害。

虽然你在不停地抱怨这、抱怨那，甚至说出"我想改变"之类的话，但是，你担心改变的后果，犹豫不决，除了抱怨，并没有真正采取实际行动去改变，结果是什么也不会改变。

所以，该来的自然会来，该去的就让它去。不要为明天的忧愁而烦恼，不为将来的苦闷所羁绊，这样才能过上轻松快活的日子，才能心胸旷达地面对生活！

无论你今天怎么用力，明天的落叶还是会飘下来。所以，只要把今天的事情圆满地完成了，就算是对今天负责了。

世上没有后悔药

人们在日常生活中，经常要对某些事情做出抉择并采取行动，有的抉择是正确的，会产生相应好的结局；有的抉择是错误的，就会带来不好的后果。但不管怎样的结果，都不要后悔。不言后悔，是一种智慧。只有在抉择中全面认识自我，重新找回自信，才能避免因失败而产生的懊悔。

一个新来的小和尚到佛光禅师处学禅已经有好长一段时间了，但是由于个性原因，他不喜欢向佛光禅师问禅，总是在被动中摸索，多次错过了开悟的时机。

一天，佛光禅师在寺庙的院子里思考问题，正好小和尚路过这里。佛光禅师见到他，再也忍不住地说道："你自从来此学禅，好像已有 12 个秋冬了，但你怎么从来不向我问道呢？"小和尚连忙答道："老禅师每日都很忙，学僧实在不敢打扰您。"时光匆匆，转眼又是 3 年过去了。有一次，佛光禅师在路上又遇到了小和尚，再问道："你在参禅修道上，有什么问题吗？有的话，就提出来。"小和尚回答道："老禅师您这么忙，学僧不敢随便和您讲话！"又是一年过去了，小和尚经过佛光禅师的禅房外面，禅师再次对他说道："你过来，今天我有空，请到我的禅室来谈谈禅道吧。"小和尚赶快合掌作礼道："老禅师很忙，我怎敢随便浪费您老的时间呢？"佛光禅师知道他过分谦虚，不敢直接问道，错过很多，所以再怎么参禅，也是不能开悟的。佛光禅师知道对小和尚不采取主动不行，所以又一次遇到小和尚的时候，他直接地对他说："学道坐禅，要不断参究，你为何老是不来问我呢？"小和尚仍然应道："老禅师您很忙，学僧不便打扰！"佛光禅师当下大声喝道："忙！忙！我究竟是为谁在忙呢？除了别人，我也可以为你忙呀！"

佛光禅师一句"我也可以为你忙"的话，打入小和尚的心中，他立刻言下有所悟入。

小和尚因为顾虑佛光禅师太忙而不肯问法，错过了很多得法的机会，还好，佛光禅师一次又一次不厌其烦地点化他，终于让他有所悟。而生活中，很多东西一旦错过了，就将永远失去了。

任何事物都是有保质期的，一年、三年、五年，总会有过期的时候。人的生命也是有保存期限的，所有想做的事应该趁早去做，就像张爱玲所说的那样"出名要趁早"，不要错过了，只剩下美丽的遗憾。要知道，如果只是把心愿郑重其事地供奉在心里，却未曾去实行，那么唯一的结果就是与它错过。

自从相识的那一天开始，郝平就爱问江波："你错过了什么？"

20岁时，江波痛苦地回答："我错过了我喜欢的第一个女孩，错过了对她表白，这将是终生的遗憾。"

22岁时，江波沧桑地说："我错过了当一名画家的梦想，却做了公司职员。"25 岁时，已经成为郝平丈夫的江波沮丧地回答她："我错过了一个新的工作机会。"35 岁时，江波生气地告诉她："我刚错过了一个晋升的机会。"45 岁时，江波伤心地说："我错过了与亲人见最后一面。"55 岁时，江波失望地回答："我错过了退休的好时机。"65 岁时，江波匆匆地说："我错过了看牙医的时间。"

一如往常地，郝平总是回以微笑，但微笑中总带着些落寞，这点江波从来都看不出来。

75 岁那年，郝平终于不再问江波了。江波正跪坐在病危的太太面前，想起太太每隔一段时间总要问他的问题，他反过来问太太："你错过了什么？"而郝平微笑中带着解脱与满足回答："这一生，我没有错过你！"此时，江波早已老泪纵横，原以为两人可以永远在一起，所以，终日忙着工作与烦琐的事，却从不曾用心体贴朝夕相处的另一半。

已经当上行政总管的江波紧紧抱着太太郝平说："这辈子，我错过了你这 50 年来的深情……"

许多一直关爱着我们的人，默默地为我们付出的人，都是我们的财富。而且这样的人，我们一生中都难得遇上几个。所以，我们一定要懂得好好珍惜。朋友也好，亲人也好，他们关心和给予我们照顾的时间是有限的。当他们对我们付出时，不能视而不见，甚至认为那是理所应当的。请你记住，在这个世界上没有人亏欠了我们什么，不要等到我们醒悟时才发现那些关心过我们的人早已远去。

有些事错了可以重来，有些人错过了就永远不再出现。要珍惜眼前的人，不要等到后悔时去说："对不起！"生命有限，时间无限，只要你懂得珍惜，时间将让你的生命延长。

亲情永远胜过金钱

亲情无价。人生一世，有一份真挚无比的亲情，远胜过金钱及其他的一切。

古代，有一个当县令的人说："我致仕时，行囊只有6000两银子，而且华丽的丝帛也不到2000匹！"另外一个当司训的说："不要说本官贫穷，我积蓄的薪俸，以及学生们的馈礼，总共加起来也有600两银子了！"

县令的意思是恨6000两太少，而司训却认为自己所拥有的600两已经很多了。

后来，县令的三个儿子合不来，大家都主张分家产。县令拿出6000两银子的一部分买地，建筑房子，把剩下的钱财都分给三个儿子。可是儿子们却怀疑父亲私下另有财产，因此，都不愿奉养他。县令只好向别人租赁数亩田地，过着自食其力的生活。稻子没有成熟和蚕还没有吐丝便典当出卖了，家里没有年轻的童仆，客人来时，都是年老的奴婢在端茶水。县令一直过着愁苦的日子。等到他去世后，葬礼很草率简陋，现在他的子孙也都衰没不振了。

相反，司训的四个儿子个个很争气。老大与老二经营产业，老三与老四在学校教书。兄弟奉养父亲非常欢喜。

晚年，司训常以观赏花卉竹子为乐。有客人来访，他便留他们饮酒喝茶，只是尽欢而已。他每天都笑口常开，他的子孙人才济济，家声日隆。

县令的钱财比司训多了10倍，而司训的福气却反而比县令多了10倍。子孙的贤能与不肖相差又何止10倍呢？

当你拥有亲情和金钱时，亲情对你来说才是最重要的。你可以借助金钱更好地孝敬你的父母及亲人，有了金钱你可以带他们去远方旅游，有了金钱你可以不远万里回家探望父母及亲人……

生命中的"今天"最重要

对于每个人来说，今天是我们的唯一的资本，也是我们唯一的机会。那么，现在我们最应该做的就是：忘记昨天，忘记明天，牢牢地把握住今天。

一个年轻人去寻找深山里的智者，目的是向他请教一些人生问题。"请问大师，您生命的哪一天最重要？是生日还是死日？是上山学艺的那一天，还是得道开悟的那一天？……"年轻人连珠炮似的问。

"都不是，生命中最重要的是今天。"智者不假思索地答道。

"为什么？"年轻人甚为好奇，"今天发生了什么惊天动地的大事？"

"今天什么事情也没有发生。"

"那今天重要是不是因为我的来访？"

"即使今天没有任何来访者，今天也仍然重要，因为今天是我们拥有的唯一财富。昨天不论多么值得回忆和怀念，它都像沉船一样沉入海底了；明天不论多么灿烂辉煌，它都还没有到来；而今天不论多么平常，多么暗淡，它都在我们手里，由我们自己支配。"

年轻人还想问，智者收住了话头："在谈论今天的重要性时，我们已经浪费了我们的'今天'，我们拥有的'今天'已经减少了许多。"

年轻人若有所思地点点头，然后就疾步下山了。

生命只有一次，而人生也不过是时间的累积。假如你让今天的时光白白流逝，就等于缩短了一天的生命。每天都抱持只争朝夕的精神，生命才会流光溢彩。

第四章　滴水之恩，涌泉相报

感恩的人，就是一个有情有义的人；感恩的人，就是一个内心富有的人。拥有感恩的人生才真正懂得付出；拥有感恩的人生才真正明白什么是富贵。感恩的人生，就是幸福的人生；感恩的观念，就是智慧的财富；感恩的心灵，就是丰富的宝藏；感恩的习惯，就是做人处世的榜样。人，应该培养感恩的美德，时时心存感恩，人生何其美好！

狐狸报恩

感恩是一个人与生俱来的本性，是一个人不可磨灭的良知。感恩是一种生活态度，是生活中的大智慧，是为了将无以为报的点滴付出永铭于心。

从前，有五百只狐狸及一只狮王同住在雪山中。狐狸经常群聚一起，偷偷地跟在狮王后面，伺狮王猎杀牛、马、鹿等鸟兽，饱餐一顿离开后，再一拥而上，抢食这些残食。

一天夜里，饿了两天的狮王出来觅食。狐群亦步亦趋地跟在狮王的屁股后，等待着分食狮王吃剩下的猎物。由于天色太暗，饿极了的狮王一不小心失脚掉到一个深坑里，怎么也爬不出来。狐狸们见了，知道不可能吃到食物了，都一溜烟地跑了。

只有一只狐狸留在深坑旁，心想："我每天吃着狮王所留下来的食物，才能维持生命。如今狮王遇到危难，我不能舍弃它，应该想办法把它救出来才对。"

于是，狐狸的脑海里开始思索着各种营救办法。它观察了四周的状况后，看到了一旁的黄土堆。它马上对着洞里的狮王说："我现在要将黄土慢慢地推下去，你先到一旁去，等黄土越堆越高时，再跃上黄土，设法跳出来。"狐狸开始用力地将黄土推入洞里，等黄土渐渐地堆高了，狮王便依照指示，从洞里跳了出来。

得救的狮王非常感激狐狸的救命之恩。狐狸却谦虚地表示，自己只是报答狮王平日的关照，还特别感恩狮王长久以来的帮助，令狮王感动不已。

我们对提携与关心自己的长辈、上级，以及对平辈及晚辈的相助与照顾，都要感恩。如果能以报恩心来生活，定会充满感激，而不会有怨恨、失望、不服气的想法，人与人之间也更祥和喜乐。

谚语"吃果子，拜树头；吃米饭，敬锄头"，我们可以在社会中生存，是众人的成就。一餐饭，由垦植、收割、舂磨、炊煮……而成，当中蒙受众生恩德，难以度量。因此，我们要知恩，还要进一步感恩、报恩。

你若爱，生活哪里都可爱。你若恨，生活哪里都可恨。你若感恩，处处可感恩。只有懂得感恩和珍惜的人，才能获得人生最大的收获——快乐和幸福！

要知恩才能报恩

人生道路，曲折坎坷。在危困时刻，有人向你伸出温暖的双手，解除生活的困顿，有人为你指点迷津，让你明确前进的方向……感恩的关键在于回报，对帮助、教导自己的人心存感激，用实际行动予以报答。

在远古时代，森林里生长着一只珍奇罕见的九色鹿，常在河边饮水吃草。一个风雨交加的傍晚，有人路过此地，不小心失足掉进了河里。落河之人惊恐地大声呼喊救命，正在一旁吃草的九色鹿听见了，飞快地跑过来，不顾自身的安危，迅速跳下河里，将落水的人救起。落水人为了报答它的救命之恩，愿意当它的仆人，每天取水草来供养并供其使唤。但九色鹿婉拒了，只要求他保守秘密，不要泄露见过九色鹿的秘密："否则人们会为了贪求我身上的皮、角，而来杀害我！"九色鹿告诫完随即离去。

此时，国王的夫人在夜里梦见一只身长九色彩毛的鹿，皮薄坚韧，鹿角亮如雪，非常珍贵。王后一觉醒来念念不忘梦里的鹿，朝思暮想着要用九色鹿的皮做坐褥，用九色鹿的角做拂柄，于是，就装病以死威胁国王，央求国王派人去捕捉九色鹿。国王为了讨得王后的欢喜，就在王宫的附近四处张贴布告，声明若有人能知九色鹿所在，不但能得重金奖赏，更愿分与大半江山。那位落水人看到这个消息，贪念与恶念顿生，心想鹿不过是头畜生，死活没必要太当一回事。泯灭良知的落水人连夜前往王宫，向国王密报九色鹿的行踪。由于他违背诺言，恩将仇报，脸上立刻生满癞疮，痛苦难当。但利欲熏心的落水人并没有觉醒，仍然带着国王的大军来到了九色鹿栖息的河边。

河岸大树上的乌鸦平素与九色鹿交好，它远远发现了国王的军队，于是，赶紧飞告九色鹿，但国王大军以迅雷不及掩耳的速度重重包围河的两岸，令九色鹿无处逃脱。这时，九色鹿一眼就认出了在人群中的落水人的长相，知道是这个人出卖了它。于是它毫不犹豫地上前把当初如何不惜生命救人免难，今日却遭背叛的情况告知国王。国王听了，非常惊讶，畜生竟然怀有如此深厚的慈悲心，勇于牺牲自己，拯救他人，反而是人忘恩负义。受到感动的国王便颁布命令，从今以后不许任何人伤害九色鹿，若有违反者，绝不饶恕。

一切事情往往需要大众共同努力才能完成。所以，知因识果的明理人，就会懂得"知恩"、"感恩"、"报恩"，不仅能知，更能真实去实践！相反地，以自我为中心，自私自利，不知感恩的人，必然无以成事，亦为人所远离。

报答父母

在古代的某个国家，每个人的父母年老时，就要将他们活埋，以节省粮食来养活子孙。经过长时间的延续，这个陋习竟成了这个国家的法律规定。

国中有一位长者的儿子，十分孝顺，因此，对国内有这样一条法律实在不能认同，总希望有一天能够导正它。

岁月不饶人，长者渐渐年老了，孝顺的儿子便偷偷在地下建了一座密室，将父亲藏在里面，每天以上好的饮食供养父亲。他这份孝心，久而久之就感动了天神现身前来协助。天神手中拿了一卷纸，来到国王的面前，对国王说："这张纸上有四个问题，如果在七日内你能够解答出来，我就拥护你和你的国家；如果答不出来，我就把你的头劈成七块！"说完，就立刻消失了。国王紧急召集群臣共同商议。然而，大家望着纸上的四个难题，绞尽脑汁却还是束手无策。眼看期限一天天地逼近，国王心急如焚。无奈之下，便将问题昭告天下，凡是能够找到答案的人，就能得到最大的奖励："不论什么要求，国王都答应他。"

天神到底给了国王什么难题呢？这四个问题是："什么是最大的财富？""什么是最大的快乐？""什么是第一美味？""什么最长寿？"

长者的儿子见到这四个问题，立即跑回家询问密室中的父亲。果然，长者一一给了圆满的答案："信用是最大的财富。""修行正法是最大的快乐。""诚实语是第一美味。""法身慧命最为长寿。"

长者的儿子向国王禀告这些解答，于是国王顺利通过了天神的考验。国王高兴极了，便问长者的儿子："这些答案是你自己想的吗，还是谁教你的呢？"长者的儿子回答："是我父亲教导的。"国王非常诧异："你父亲？他不是已经很老了吗？他现在在哪里？""请大王饶恕，我的父亲的确已经年老了，然而，我违反国法，私自将他藏在家中的密室。"长者的儿子接着说，"大王，父母对我们的深恩，如天地一般，辛苦地把我们抚养长大，还要教育一切为人处世的道理，才能成就今天的我们。纵使有人能左肩担父、右肩担母，行走一百年，并且无微不至地侍奉、供养，这样做，都还无法报答父母的深恩啊……大王，我别无所求，只希望大王能废除'活埋年老父母'这条法律。"

当然，国王必须遵守诺言，答应了长者的儿子一切要求。而事实上，国王也深受感动，不仅废除这条法律，还增加另一条法律："凡是不孝顺父母的人，将治以重罪。"

古今中外，人们都是提倡孝道的。父母养育子女，终其一生心念都系在儿女身上，这种恩情是用尽一生的生命也无法报答的。我们应将这感恩的心，推及一切众生，人人皆能如此，这个世界必定更祥和。

感恩的连锁效应

知恩图报，身为人，我们必须懂得感恩。生活在人世间，我们对所遇到的一切，都该怀抱感恩之心。

几个月前，因为经济危机的影响，乔失去了工作。他原是一位汽车技术工程师。

他刚刚结婚，家庭、事业都刚刚开始。为了规避风险，大大小小的公司都在裁员，乔要找到一份满意的工作是那样地艰难，但是他一直都没有放弃。在家中，乔上有老下有小，一家人都指望着他养活，他担负着沉重的责任。

一天傍晚，乔驾车回家。天一点点地黑下来，飘起了漫天大雪，还有半个小时的车程就要到家了。这条路不太好走，他得抓紧时间赶路。就在他加快车速时，旁边一个模糊的人影映入他的眼帘，凭感觉他知道那是个老人。老人的车子抛锚了，她正在雪地里摆弄着她的车子，却怎么也不见效。他看出老太太肯定需要他的帮助，于是将车开到老太太的车前。

他很熟稔地在帮她查看车子的问题。不过他看上去气色并不好，有点年轻莽撞，太男子气，一个高高大大、结结实实的年轻男人的帮助，总让人觉得有点不放心。虽然老太太有些担心，不过她什么也没说，仍然缩着膀子站在寒风中，一动不动。

他虽然胡子拉碴，但是很绅士，也很细心，看出了老太太的害怕。于是，他温和地说："这位女士，您的车子一会儿才能修好，您先到我的车里避避风吧，雪像是越来越大了。您在车里跟我聊天也可以，我叫乔。"

无论什么样的汽车对他来说，都很熟悉。这辆车只是手动变速箱出了问题，他从自己的后备箱里拿出工具，换了几个零件，拧紧了一些松动的螺丝，便解决了。

老太太很感激，她要去看自己的儿子，第一次走这条路。她说她愿意支付他报酬，多少都没有问题。

乔笑了笑，谢绝了老太太的好意。他只说，他在遇到困难的时候，也曾经有很多人伸出手帮他，她只需记得下次遇到需要帮助的人时，也尽自己的一份力帮一把就是了。然后，他帮老太太倒好了车，两辆车一前一后走完了这条路。

老太太没有去儿子家，而是先来到一家小咖啡馆。她想吃点东西驱驱寒气，再去儿子家。

接待老太太的是一位年轻的女侍者，面带甜甜的微笑。送上咖啡后，她看到老太太头发湿漉漉的，又拿过来一条干净的毛巾。女侍者虽然有明显的身孕，但服务依然热情而体贴。

老太太吃完饭，拿出 100 美元付账，女侍者拿着这 100 美元去找零钱。当女侍者拿着零钱回来时，老太太已经不见了。她收拾桌子，发现老太太留了一张纸条，上面写了一行字："请不要让爱之链在你这儿中断。"

她下班回家的路上，心里一直在想着那钱和老太太写的话，老太太怎么知道她和丈夫那么需要这笔钱呢？丈夫刚失业，孩子又快要出生了，生活将会很艰难，她知道丈夫心里是多么焦急。

她开门进家的时候，丈夫已经为她准备好了热水和面汤。她的丈夫帮她放好外衣和手袋，然后轻轻地拥抱她。她给了他一个温柔的吻，轻声说："一切都会好的。我爱你，乔。"

感恩是力量之源，爱心之根，勇气之本。感恩父母，你将不再辜负父母的期望；感恩社会，你会轻轻扶起跌倒在地的老人；感恩人生，你将笑对狂风暴雨，笑迎天边那一抹彩虹。让我们一起学会感恩，收获别样的人生！

知恩图报的黄雀

有一个小男孩叫作彬彬，他很喜爱小动物。每次看到被人抛弃的猫、狗，他都会充满爱心地抱回家，然后精心地喂养它们，给它们疗伤。对此，彬彬的父母从来不会责怪他，也从来不会认为是给家里添麻烦，总是任由他带小动物回家尽心照顾。

有一天，彬彬的父亲带着他一起到县城里办货。当他们开着车穿过一片树林的时候，忽然听到一阵断断续续的鸟叫声，听起来非常凄凉。彬彬对他的父亲说："爸，你听！这附近好像有鸟在哭。"

"树林里有鸟叫声是很平常的，你不要胡思乱想。我们赶快进城办货，如果还剩点时间，就带你去添点新衣服或买些好吃的，快走吧！"

这时啾啾的声音更急促了，彬彬着急地说："爸，这回你可听清楚了吧？这只鸟一定受了很严重的伤，需要我们的帮助。我不要新衣服和好吃的东西，只求你停下来，救救那只小鸟好吗？"

无奈之下，爸爸点点头答应了，和彬彬一起找寻鸟叫声的来源。终于，他们在一株矮树底下找到一只受伤的黄雀。黄雀右边的翅膀已经断了，胸口也破了，黄色的羽毛被鲜血染成一片红，乌黑的眼珠水亮水亮的，好像痛苦地含着眼泪。

"唉！伤得这么重，恐怕活不成了，我们还是走吧！再不走的话，中午的市集就赶不上了！"爸爸叹口气说。

彬彬差一点哭了出来，他说："爸爸，请你再等一会儿。我在这附近找找止血的草药，或许可以救活小黄雀呢！"

听到儿子那么富有爱心的话，彬彬的爸爸实在是不忍心拒绝他，就拍拍他的肩膀说："好吧！"

彬彬立刻找来一些草药，用嘴巴嚼烂，敷在黄雀的胸口；爸爸也把黄雀折断的翅膀接好，用树枝固定住。彬彬感激地说："爸爸，谢谢你！我们把黄雀放在篮子里，带回家慢慢疗养，现在快点儿赶路吧！"

父子俩匆匆忙忙地赶到城里，可是时间已经超过了正午，市集里所有的摊贩都已经散去，他们只好失望地回家。

回到家后，彬彬跟妈妈说出事情的经过。妈妈笑着摸摸彬彬的头，微笑地说："你小小年纪就这么富有爱心，我和你爸爸都感到很高兴！"

接下来的日子，彬彬每天细心地照顾黄雀。他为黄雀准备了一个大木笼，里面铺满柔软的稻草，让黄雀舒舒服服地躺在上面。他还喂黄雀吃磨碎的小米，有时候又专门去采些野花给黄雀当点心吃。

黄雀折断的翅膀和胸口的伤渐渐好了，软绵绵的黄色羽毛发出柔亮的光泽，眼睛也显现出像星星一样的光彩。有一天，彬彬把放黄雀的大木笼挂在家门口，让黄雀晒晒太阳。忽然不知从哪里飞来一大群鸟，有杜鹃、燕子、黄莺和画眉……它们像一大片五彩的云，停在屋前的一棵老树上，对着黄雀唧唧喳喳地叫，黄雀也伸起脖子对着它们唱起歌来。

彬彬看到这个情形，知道是黄雀的同伴来叫它回去，想了想，就把木笼子的门打开。不料黄雀出了木笼子的门，并没有马上飞走，还用它柔软的羽毛轻轻摩擦彬彬的脸颊。彬彬摸摸黄雀，温柔地说："飞吧！小黄雀，你的朋友在等你呢！"

黄雀仿佛听懂似的点点头，拍了拍翅膀，和那群小鸟飞向远远的天空去了。彬彬虽然舍不得，但是知道小黄雀又能和同伴一起在天空自由自在地飞翔，心里不禁替小黄雀高兴。

当天晚上，彬彬在睡梦中看到一个身穿黄衣黄裤的小男孩，他的模样十分清秀，一双眼睛尤其黑亮有神。他手上捧着三个晶莹的白玉环，对彬彬鞠了个躬说："我是小黄雀，那天因为不小心，被顽皮的小朋友用弹弓打到胸口，摔下树又不幸折断翅膀，幸亏你们一家人救了我。现在我是来道谢的，这三个神奇的白玉环，送给你们一家人佩戴，但愿玉环带给你们幸福。"

彬彬接过玉环，小男孩一转眼就消失了。等彬彬醒来后，发现这是一场梦。但说也奇怪，从那天起，彬彬父亲的生意越做越好，妈妈的身体也越来越健康了。后来彬彬长大了，不论是对人或是对小动物，还是像他小时候一样充满爱心。

在危困时刻，有人向你伸出温暖的双手，解除生活的困顿；有人为你指点迷津，让你明确前进的方向；甚至有人用肩膀、身躯把你擎起来，让你攀上人生的高峰……你最终战胜了苦难，扬帆远航，驶向光明幸福的彼岸。对此，你能不心存感激吗？你能不思回报吗？感恩的关键在于有回报的意识，然后用实际行动予以报答。

黑子牛报恩

黑子牛出生后不久就随养牛主来到一个村庄。傍晚时分，养牛主在一老妇家住下来，一住就是好几天，又无银子付给老妇作为住宿费用时，便将这头幼牛犊当作报酬，付给了这位孤苦伶仃的老妇人。

从此，老妇人与黑牛犊相依为命。白天，老妇人将上好的饭菜喂给黑子牛，自己则吃很差的饭菜。晚上，老妇人让黑子牛睡在家里唯一的床上，自己则在床边和衣而睡。她如此细心地照料黑子牛，就像养育亲生儿子。

黑子牛长大之后，老妇人正式给它命名为黑子。它的毛色纯黑，两眼也炯炯有光。由于这牛温顺和蔼，行仪正当，所以受到村人们的喜爱。村中儿童每天都要和它玩耍，一天见不到黑子牛都觉得不自在。

有一天，已经长大的黑子牛心想："我的主人非常贫穷，但仍将上好的食物留给我吃，而自己却吃差的。她如此辛苦地养育着我，无怨无悔。我应该为她蓄财，让她过上好点的日子！"从此以后，这头黑子牛很少与儿童玩耍，只为寻财而四处奔走。

一天，有商队率百台货车来到村外。他们准备渡过一条浅河，去到对岸的镇上经商。然而，商队所率领的拉车的牛，没有能力拖车到达对岸。

一时之间，商队众人大急。管事商人想到一个办法，去各村高薪聘请力气大的牛主，帮助他们渡过难关。

于是，黑子牛与许多村牛来到渡口。当其他村牛试着拉百台货车时，都无能为力。最后只剩下黑子牛，安静地站在一旁。

管事商人的儿子是一位牛类鉴定家，他瞪大了眼睛上下仔细观察黑子牛，知道这是一匹有着无限潜力的牛。他转过身子与父亲私语片刻，然后发问："这是一头良牛，请问谁是它的主人？"众人回答："它是自己来的，没有主人！"

管事商人心想："听儿子说，这牛肯定能拉动一百台货车。而恰好它又没有主人，今天我们赚大了！"于是，管事商人以钢绳缚住牛鼻，让黑子牛拉车前进。但黑子牛因工钱未定，停止不动。

管事商人的儿子看到牛不动，知道黑子牛的心意，便对牛说："你如果能拉车过河，我们付给你 1000 个金币！"黑子牛听罢，自动前进。它背负着百车货物，一步一个脚印艰难地到达对岸。

拉车成功后，管事商人却想欺骗黑子牛。他只拿出 500 个金币，用一个布包装好，挂在黑子牛的脖子上。黑子牛因工钱未付足，便拦在货车的前面，阻路而立，使商队不能前进。

商队众人跑来，想一起用力推开黑子牛。然而，牛腿像铁板钉钉，纹丝不动。任商队众人用尽力气，也不能让黑子牛挪动半步！

管事商人的儿子，知道黑子牛因工钱不足而阻路。于是，他再拿出 500 个金币，装进那个布包，凑足 1000 个金币。黑子牛见工钱已足，便自行让路，前往村中自己的家。

村里儿童见到黑子牛，纷纷上前询问："你脖子上挂的是什么？打开来看看！"黑子牛摇头，然后故意大吼，做恐怖状，吓跑众儿童。

黑子牛终于安全到家，一进门就往老妇人跟前跑，将千金布包交给老妇人后，倒地便睡。它实在太累了！

老妇人见到装有 1000 个金币的布包，经过观察思考，大略明白黑子所做之事。她望着已经酣睡、疲惫不堪的黑子，心疼不已："儿啊！我怎么忍心让你做工赚钱！你为什么要做这些辛苦之事！"

于是，等黑子醒来，老妇用香汤给牛洗澡，将黑牛全身涂上香油。接着，老妇烹饪出许多美食，亲自喂黑子牛吃饭。之后，老妇人过上了比较宽裕的日子。

相信许多人看了这个故事后，一定很受感动。善良的老妇人和黑子牛的身影仿佛就在我们的眼前，同时也希望天底下能够有更多的人和事都像这位老妇人和黑子牛一样感动人心！

滴水包万物

人与人之间的互相帮助是不需回报的，同样，感恩之心也是只求付出不求回报的。一颗懂得感恩的心，总是时刻触动自己善良的本性。

古人就有这样的习俗：常常在走过一座桥之后，转过身来向桥作揖，表示庆幸自己安然过桥，感念前人造桥功德，这就是"过河拜桥"。俗话说："心存感恩，善缘不尽；过河拆桥，情断义绝。"

人生之路漫漫，不免面临危难、困窘。那么，我们在接受他人适时伸出的援手而走出困境时，对识与不识之人所给予的温柔慈悲，怎能不时时存有珍惜与感激之心？

有一天，仪山禅师在洗澡，因为水太热，就叫弟子提桶冷水来。有一个弟子奉命提了水来，将热水加凉了，便顺手把剩下的冷水直接倒掉了。

仪山禅师看到弟子的做法，就非常生气地训斥道："你怎么如此浪费？世间不管什么事物都有它的用处，只是大小价值不同而已。你怎么能如此轻易地将剩下的水倒掉呢？就算是剩下一滴水，如果你把它浇到花草树木上，不仅花草树木喜欢，水本身也不会失去它的价值，为什么要白白地浪费呢？虽然是一滴水，但价值也是无限大呀！"

由于师父的深刻教诲，这位弟子实在是无地自容。他已经明白自己的行为是极大的耻辱，为了表示自己已彻底改过，就将自己的法名改为"滴水"，这就是后来非常受人尊重的"滴水和尚"。

一个人的财富、爱情、福寿、享用，如同银行存款，如果无节制地开支，终有一天是会用尽的，因而要懂得节用惜福，虽是滴水，也不废弃。唯有惜福的人才会有福，一草一木，一饭一菜，都是有价值的。

感激，不只是滚烫话语的堆砌，也无须随时随地表白心迹，有时候一个深情的眼神足矣；感激，因为是情感河流的蓄积，即使霜冷风疾也奔涌不息，永远与奉献的海洋连在一起。

感恩是对良心的自觉温习，人间因而弥漫起爱的空气；感恩是真情的恒久维系，生活因而充溢着美的旋律。默默义举、乐善好施的人，有一颗淳厚、诚挚的同情心，舍得付出，就会恬淡自适，喜悦长存。

第五章　宽容之心，伴随一生

宽容，是一股无形的感召力和凝聚力，是人格魅力中最闪耀的发光点。它折射出的是处世的经验，待人的艺术，良好的涵养。宽容是一种温暖的爱心，它能驱散生活中的痛苦和眼泪。宽容是一种博大的胸怀，它能包容人世间的喜怒哀乐。但是，宽容不是浅薄的玩世不恭、看破红尘，更不是无原则的宽大无边，而是建立在自信、助人和有益于社会基础上的适度宽大。

宽容是一种美德

宽容是一种美德，有了宽容才使许多人产生了浪子回头的决心，有了宽容才使那颗犯错的心有了悔过的余地。生活中，当你选择了宽容，你就给了这个世界无比大的贡献，而你将会得到这个世界最美好的祝福。有人说过："量大则福大。"的确，当你有一颗宽容的心，你就能获得最大的福缘。

在一个漆黑的夜晚，一位老禅师在寺院里散步，走着走着，忽然发现墙角边有一张椅子。老禅师一看这个情形，就知道有出家人违犯寺规翻墙溜出去了。

这位老禅师并没有生气，而是不动声色地走到墙角边，慢慢地把椅子挪开，在原来摆放椅子的地方静静地蹲着。过了大约一刻

085

钟，老禅师听见墙外有脚步声，他料定一定是翻墙出去的人回来了。果然，有一位小和尚动作敏捷地翻墙跳进来。他不知道下面是老禅师，于是，在黑暗中踩着老禅师的脊背跳进了院子里。

小和尚双脚刚落地，他感觉到有一点异样，因为他脚底下踩的东西是软的。他不放心地回过头来仔细地看了看，这下子他吓坏了，他发现自己原来踩的不是椅子，而是老禅师。小和尚顿时一脸惊慌，呆若木鸡般地立在那里，他心里不断地冒出这样的想法：这下可糟糕了，肯定要被杖责了。但是回到禅房后，老禅师并没有厉声责备他，只是平静而关切地对他说："夜深天凉，赶快回去多添点衣服吧。"

老禅师宽恕了小和尚的一时之错。因为他知道，此时此刻，小和尚已经知错了，那就没有必要再饶舌训斥了。后来，老禅师也没有再提及这件事，就好像是没有发生过一样。可是，寺院里所有的弟子都知道了这件事，他们被老禅师的宽容之心所感动，从此以后，再也没有人在夜里翻墙出去了。

可见，老禅师的度量宽大无边，他给犯过错的弟子悔改的空间，使其悔悟，自戒自律。所以，宽容是非常有力量的无声的教育。

宽容地看待别人的过错，这是何等的胸怀！学会宽容，是一种美德、一种气度，因为你能容得他人不能容的，所以你也必将拥有了别人不能拥有的。

人们常说："金无足赤，人无完人。"宽容是一剂良药，医治人心灵深处不可名状的跳动，滋生永恒的人性之美。我们不仅要对家人、朋友宽容，还要对我们的敌人、对手宽容。在原则性问题上，大家要以大局为重，你还要体会到退一步海阔天空的喜悦，化干戈为玉帛的喜悦，人与人之间相互理解的喜悦。要知道你并非踽踽单行，在这个世界上，虽然人们各自走着各自的路，但是熙熙攘攘中难免有碰撞。如果冤冤相报，非但解决不了问题，抚平不了心中的创伤，还会将伤害进一步扩大。

有这样一则引人深思的故事。一位妇人同邻居发生纠纷，那位邻居非常不服，为了报复这位妇人，此邻居在一个风雨交加的夜里做了一件令人毛骨悚然的事情，她偷偷地在那位妇人的家门前放了一个骨灰盒。第二天清晨，当妇人打开房门的时候，她被吓了一身冷汗。此刻她并不是感到气愤，而是感到仇恨的种子是多么地可怕。它竟然衍生出如此恶毒的诅咒！竟然想置人于死地而后快！妇人随手关上门，经过一番深思之后，她决定用宽容去化解仇恨。

于是，第二天夜里，她拿着自己家里种的一盆漂亮的康乃馨，也是趁着夜里拿来放在了邻居家的门前。第三天早上，邻居刚打开房门，一缕清香扑面而来。同时这位邻居看见之前与她有过节的妇人正站在自家门前向她善意地微笑着，邻居心中的仇恨一下子就被抛到脑外去了，她会意地笑了。

一场纠纷就这样悄无声息地烟消云散了，她们两人和好如初。

那位妇人以宽容之心来回应邻居的恶毒，而不是抓住别人的恶毒来折磨自己。只有宽容才能治愈不愉快的创伤，只有宽容才能消除一些人为的紧张。在生活中我们难免与人发生摩擦和矛盾，其实这些并不是最可怕的，最可怕的是我们常常不愿意去化解它，而是让摩擦和矛盾越积越深，甚至不惜彼此伤害，使事情发展到不可收拾的地步。如果我们用宽容的心去体谅他人，真诚地把微笑写在脸上，其实也是善待我们自己。

所以，一个人能否以宽容之心对待周围的一切，是一种有素质和有修养的体现。大多数人都不约而同地希望得到别人的宽容和理解，这种人只能向对方索取宽容，而自己却不愿意对别人宽容。这种人的本性非常自私，他总是把别人的缺点和错误放大，形成烦恼和怨恨，以至于永远都不能原谅对方。如果我们试着去宽容别人，总有一天你会发现自己是多么地幸福，因为你宽容了别人，别人至少会以微笑来报答你。宽容是一种美，当你做到了，你就是美的化身。

迎接新生活

从前一家寺院里有个得道高僧，7岁时离开父母的怀抱出家修行。自出家以来，他每天青灯黄卷，早诵晚唱，晨钟暮鼓，自感沾山水之灵气，吸佛道之精华，已经六根清净，六尘不染，了却了一切尘缘。此家寺院因高僧德高望重，一时间，远近的信徒不断前来烧香拜佛，或者来参禅解悟。

有一天，寺院里来了一个年轻人。他想了却尘缘，皈依佛门，在这里寻一份清净，找一方净土。年轻人来到高僧的面前，跪下来，说道："师父，请收下我做你的徒弟吧。"

高僧带着怀疑的眼光看了看他，问道："年轻人，你真的能了却尘缘？"

年轻人自信地点了点头。

高僧的心里不相信眼前这个年轻人能真的了却尘缘，一心向佛。为了考验年轻人的诚心，高僧从布袋里拿出一个早已蒙尘的铜镜，递给那位年轻人，说："佛门净地，一尘不染。既入空门，尘缘必了。这面镜子就像是你的心，如果你能把它擦净，就请你再来。"

年轻人收起铜镜跪谢而去，一心一意回到家里，净了身，燃了香，心无杂念，虔诚地拿起铜镜擦了起来。镜面上的浮尘轻轻擦拭就掉了，然而，有几个黑点无论他怎么用力擦也擦不掉。这时年轻人想起了一个办法，他拿出一块磨石，小心翼翼地打磨起来。就这样，年轻人起早贪黑打磨了几个月，铜镜上的黑点终于消失了。

年轻人欣喜若狂地拿着铜镜来见高僧。高僧瞥了一眼，摇摇头。

年轻人的心情很是低落，问高僧："难道铜镜还没擦净吗？"

高僧微微笑道："你再用心地看看。"

年轻人拿起铜镜，瞪大眼睛仔细观察，他终于看见了一道印痕。这道印痕若隐若现，细如丝线般在光亮的镜子上。

年轻人的脸红了一下，接过镜子走了。

他回到家里，依然孜孜不倦地磨那个镜子，无论春夏秋冬，从来没有停息过。为了心中的希望，年轻人的手早已磨出了厚厚的老茧，腰也坐得如弓一般难以直起。

可是，直到那个铜镜被磨得薄如蝉翼，那个印痕还是没有被磨去。

年轻人不知道这印痕有多深，他把镜子反过来一看，发现那个印痕已经透到了镜子后面。

年轻人的心都凉了，他觉得镜子上的印痕无论如何也磨不掉了。他想，一定是高僧以为自己没有诚心，难绝尘缘，才弄了这么一个镜子来暗示他。

恰巧这时高僧正在闭目打坐参禅，他忽然感到眼前出现了两朵莲花，一朵含苞待放，还没有盛开就凋落了；而另一朵看似清净的莲上，却出现了一点污泥。高僧大吃一惊，想起了那个来拜师的年轻人，连忙派人下山去找。

可惜的是，那个年轻人已经悬梁自尽了。

高僧知道后懊悔不已，他忽然感到自己的生命之灯到了油尽灯枯的时候。多少年后高僧圆寂时，在他的生命的最后时刻，最先出现在他脑海里的不是佛祖，而是他的父母及弟弟。

高僧眼里含着泪花，口中轻微地叹道："看来我自己也是难了尘缘，七八十年的修行仍难成正果，更何况那个年轻人啊。人心如果真的如镜，除了没有瑕疵，为什么就不能博大一些呢？谁又能把前尘过往擦得不留一丝痕迹？看来，人是多么需要有一颗宽容和包容的心啊。"

过去的就让它过去，多一些理解和包容，你会生活得更加自在、更加美好。

宽恕他人就是给自己迎接新生活的机会。

在一个漆黑的夜晚，慧朗禅师正在禅房里研习经典。看着看着他隐隐约约地好像听到寺院的围墙上有声响，猜想可能是个小偷。于是，他就叫来弟子，说道："我听见院墙上有声音，可能是有小偷在凿墙，你到我柜子里拿些钱给他吧！"

弟子应了，他走到邻室，心想：如果我把那个小偷吓跑了就不用给他钱了。于是，他就扯开嗓门大声地说道："喂！不要把墙壁弄坏了，我给你些钱就是了。"

小偷听到院里面有人在朝他喊，知道自己已经被发现了，吓得丢下凿墙的工具，转身就逃走了。

弟子回来告诉慧朗禅师说小偷已经跑了。他以为慧朗禅师会表扬他一番呢，谁知慧朗禅师却以责备的语气对他说道："你怎么可

尘世悟语 淡定与舍得的智慧

以大声吼叫呢？一定是你的声音太大，把他吓着了，可怜他连钱也没有拿到就跑掉了。外面的天这么冷，他一定是没有饭吃才来这里的，你赶快追上去把钱拿给他。"

弟子哑口无言，只得遵从师命，披上棉衣出去找那个小偷。在寒冷的深夜里，天上还下着小雪，他忍着刺骨的冷到处寻找那个不知躲在哪里的小偷，找了好几个小时才看见一个人冻死在雪地里。这位弟子上去一看，此人衣衫褴褛，骨瘦如柴，很明显是长期吃不饱饭的样子。他悲伤悔恨地大哭。他把这个人的尸体背回寺院，挖了一个坑把他埋了，每年的这一天他都要亲自来给这个墓祭祀。

又有一位安明禅师，有一天所有人都已经安睡了，小偷潜进屋里来偷窃，把他唯一的一条棉被偷走了。安明没有办法，只好把纸张盖在身上取暖。

小偷准备逃跑时，被巡夜的弟子撞见了，慌乱中，他将偷到手的棉被丢在地下。弟子一看就知道是师父的棉被，他捡起来送回师父的屋里。只见安明禅师身上盖着纸张，缩着身子直打哆嗦，看到被送回的棉被，他说："哎！这条棉被不是已经被小偷偷走了吗？怎么又送回来了呢？既然是小偷拿去了，那就是他的东西了，赶快拿回去还给他吧。"

弟子无奈，在师父的百般催促下，费了九牛二虎之力，才把逃得很远的小偷找到，向他表明了师父的意思，坚持把棉被还给他。小偷接了棉被，脸上露出了惭愧的表情，一言不发，抱着棉被就头也不回地朝寺院走去。他还特地回来寺院向安明禅师忏悔，并决定请求安明禅师收他为徒，学习佛法，从此改邪归正。

对待犯过错误的人，如果我们能以宽容之心来对待他，那么他自然会受到教育，从而反省自己的过错，改正错误。反之，如果以嘲笑、鄙夷的态度来看待他，他可能会自暴自弃，一错再错。所谓的救人，不仅仅是救身，更重要的是救心。

宽恕别人，受益自己

世上之人没有一辈子都是顺顺利利的，没有大的过错也会有小的过错。就好比人生在世，没有人一辈子都不生一次病的。人人都不希望自己犯错，然而，不论知道自己是故意还是无意犯了错的人，最希望得到的是别人的宽恕和谅解。假如别人希望在自己犯错之后求得你的谅解，你是否能够给他一次改过的机会？这也是你选择做一个宽容的人还是做一个苛刻的人的机会。

宽恕可以净化我们的心灵。当我们手捧鲜花送给他人时，首先闻到花香的是我们自己；然而，当我们抓起污物抛向他人时，首先弄脏的就是我们自己的手。

有人说宽恕实在是太困难了，其实只要你宽容之心到了，宽恕别人是很容易做到的。

美国前总统林肯少年时期家里很穷，为了谋生，他曾在一家杂货店打工。有一次，一位顾客的钱包被另一位顾客拿走了。丢了钱包的顾客认为钱是在杂货店中丢失的，所以杂货店应当赔偿他的损失。两人说着说着便发生了争执。而杂货店的老板不问青红皂白就开除了林肯，老板气冲冲地走来，说："林肯，你太令我失望了，这是你的过错，我不得不开除你。因为你令顾客对我们店的服务很不满意，因此我们将失去很多赚钱的机会。我们应该学会宽恕顾客的错误，即使有错也不能与顾客发生争执，因为顾客就是我们的上帝。"

之后，林肯一直都不接受这位顾客的无理取闹和原谅老板的不通情理。事隔很多年以后，做了总统的林肯却意味深长地说："我应该感谢杂货店的老板，是他让我明白了宽恕是多么地重要。"

宽恕他人的过错，受益最大的是我们自己。一所著名大学的研究人员做了一项有关"宽恕"的实验。他们找来相关的人，这些人被要求想象他们被人伤害了感情，并反复"回忆"被伤害时的情景。研究人员发现，此时这些人在身体上和精神上的压力同时加大，伴随着血压升高、心跳加快、出汗、面部表情扭曲。之后，研究人员又要求他们停止想象自己被别人伤害的事情，这时这些人虽然没有刚才的生理反应大，但是某些生理症状却依旧存在。最后，这些被实验者被告知想象已经原谅了自己的"假想敌"，现在他们感到身心放松并且非常愉快。研究人员最后得出结论：宽恕别人，并不意味着为犯错的人寻找开脱的借口，而是将自己的目光集中在他们好的方面。从而把自己从苦海中解脱出来。这正应了那句话：不要拿别人的错误惩罚自己。

如果你能像看别人的错误和缺点一样，准确地发现自己的缺点，那么你的生命将会不平凡。宽恕别人，就是善待自己。仇恨只能永远让我们的心灵生存在黑暗之中；而宽恕，却能让我们的心灵获得自由，获得解脱。这就是宽恕的力量。

忍一时风平浪静，退一步海阔天空

从前在乡村里有个又穷又愚的人，他没有一技之长，也谈不上有固定的收入，吃不饱穿不暖是常有的事。他常常叹息自己命苦，也常常梦想有朝一日能发财。一天，他捡到一笔巨款，突然暴富了起来。他穷惯了，现在有了钱，他却不知道如何支配这笔钱。

他听人说要解决他这样的问题就要到庙里找和尚来帮忙。于是，他带着问题来到一家寺庙，向一位和尚说明了来意。这位和尚便开导他说："你一向贫穷，没有智慧，现在虽有了钱，可是依然没有智慧。唯一要解决你的问题的办法是你要进城去，因为城市里有很多有大智慧的人。你出几百两银子，别人就会教你智慧之法。"

那人真的带了几百两银子去了城里，逢人便问哪里有智慧可买。

有位住持告诉他："假如你遇到疑难的事，且不要急着处理，可先朝前走七步，然后再后退七步，这样进退三次，智慧便来了。"

"'智慧'就这么简单吗？"那人听了半信半疑。

当天夜里他赶回家，刚推门进屋，在昏暗中发现妻子居然与人同眠，顿时怒起，顺手拔出刀来便要砍下。这时，他忽然想起白天买来的智慧，心想：何不试试？

于是，他前进七步，后退七步，又前进七步，后退七步，就这样来回三次。然后，他点亮了煤油灯，静下心来仔细一看，这下子让他大吃一惊，与妻子同眠者原来是自己的母亲！他很庆幸自己使用了白天买来的智慧，没有伤到自己的亲人。

现实中，人们往往在受到外界的刺激时，容易头昏脑涨，怒火中烧，紧接着就是失去理智，意气用事，以致害人害己，将人生置于无可追悔的地步。而且很多人认为蒙辱不争、不斗，就是懦弱、胆小、窝囊，以至于让人瞧不起，抬不起头来。因为有些人都错误地持有这种观念，所以他们对于侮辱的承受能力是很小的。很多人在受到侮辱时的应激反应，不是反唇相讥，就是以命相拼，打个你死我活，只要争回了面子就好，后果如何，很少有人去想。

有一个年轻人在广告公司谋事，由于年轻易冲动，便轻易地得罪了经理。于是，在以后的日子里，每次开会他都自然而然成为会议的第一主题，那就是挨批。被批得面目全非的他，感到前途渺茫，想到干脆离开这里算了。但是他转念一想，如果真的走了，一些罪名不光洗不清，而且会被蒙上厚厚的污垢。其次，这是一家很有名气的广告公司，撇开那些对自己不利的事，专心致志地在这里干，不断地提高自己的业务水平，到那时候再走也不迟啊。想到这里他决定留下来，于是，他就整理好乱七八糟的心情，低头实干，以兢兢业业的工作态度为自己疗伤，以实实在在的业绩回击谎言。一笔又一笔的业务，增添了他的信心，也让他积攒下了许多经验。

宋初名士高防，其父高从庆战死沙场，他从 16 岁起被澶州防御使张从恩收养，后来做了军中的判官。

有一次，一位名叫段洪进的人偷了公家的木材回家打家具，结果被人抓住了。主管这件事的张从恩大怒，下令处死段洪进以警世人。怕急了的段洪进为了活命而编造谎言，说是高防让他干的。清官张从恩愤怒地问高防是否有这一回事，善良的高防为了救人一命就承认事情属实。结果段洪进免于一死，可张从恩从此不再信任高防，并把他辞了，打发他回家。高防也未做任何解释，便辞别了恩人独自离开了。事情过后张从恩好像感觉自己处理这件事情有点太过于草率了，他觉得这件事情不能就这样结束了，他要仔细查清这里面的原委，于是他派了自己的亲信暗中查清了事情的真相。张从恩现在才明白，高防是为了救段洪进一命，才代人受过的。他有愧于高防，他叫高防还是和从前一样回来办理政务，自己对高防的态度也从此变好了。

高防这样的行为是一种大忍。一是替别人顶罪，牺牲了自己的名声；二是忍冤不辩，牺牲了为自己洗刷清白的机会；三是忍苦不诉，牺牲了自己的职务和恩人的信任，被撵回家。在这一事件中，高防不仅尊重他的恩人，也给犯有过错的人以生存的机会和空间，而自己却心甘情愿地失去了原有的一切。但事情的真相大白之后，高防不但没有丧失自己的生存空间，反且获得了更多人的理解和尊重。

漫漫人生路，适当的时候退一步是为了踏越千重山，或是为了破万里浪；有时低一低头，更是为了昂扬成擎天柱；低一低头，即便今日成渊谷，今秋也会化作枯枝落叶，乘着秋风抵达珠穆朗玛峰的顶端，明年春天依然会笑意盎然，傲视群雄。

每个人身上都有很多缺点，不要将什么事都看得那么绝对，我们要用宽厚仁慈的心对待身边的每一个人，出了问题要先在自己身上找原因。爱自己容易爱别人难，如果你能做到像容忍自己一样去容忍别人，能设身处地地替对方着想，就很少有人会再和你计较了，你的人缘将好到出乎你的想象。

有容乃大

圣华禅师才高八斗，佛学功底深厚，深谙教育，是一代名师，他曾经培养出很多高超的徒弟。有一次，他的朋友请求他收这位朋友的孩子为徒弟。据圣华禅师了解，这位朋友的孩子在家里不听长辈的管教，经常干坏事，没有一点悔改的痕迹，家人对他已经失去信心了，也准备不认这个孩子。但听说朋友是寺庙里的禅师，这家人就决定把孩子扔在寺庙里算了，免得整天在外滋事。至于这个孩子以后变没变好，他的父母并没有抱任何希望，只求他赶快离开他们。现在圣华禅师没有犹豫就收下了这个孩子，因为圣华禅师认为有教无类，他坚信即使再坏的孩子到了他的手里也会变好。这孩子到了寺庙后，依旧我行我素，时常偷寺中的古董去典当花用。弟子们怕影响寺庙的声誉，立刻向圣华禅师报告。过了几天，圣华禅师依然没有表示有处理之意，而那孩子却变本加厉。弟子们实在看不过去了，便再次向圣华禅师要求马上开除这个孩子，否则的话，他们将立即集体离开这个寺庙。这时，圣华禅师闭着眼睛安详地说："如果你们一定要离开这里，那么我不为难你们，请离开吧！"弟子中有人大感意外地问："那个孩子无恶不作，庙里的东西都快被他偷光了，他还经常夜不归宿。有他在，这个庙里的声誉全都被他毁了，我们实在是没有脸面在这儿待下去了。如果您不开除那为非作歹的孩子，我们只好集体离开这个地方了。"圣华禅师睁开眼睛说："徒弟们，你们在我这儿修行已有数年，稍有见地，就是离开这里，也可以外出自立门户；倘若这孩子被我们开除了，那他将无处安身。"圣华禅师的话刚一落音，弟子们恍然大悟，了解了师父的用心，羞愧之余，立即向师父道歉。

圣华禅师以一颗宽容善良的心感动了弟子们，也教育了弟子们，向弟子们展示了一代禅师宽如大海一般的胸怀。

人非圣贤，孰能无过，只是犯的错误大小程度不同罢了。能容人之错，使之有改过之机，则可谓贤者。因为贤，所以他的身边会聚集许多向往他的人。世间万物，有容乃大，一个人有容人之量，则可成就大业。

人无完人，不能苛求十全十美。用人时要用人之所长，避人之所短；对待有过失的人，哪些能用，哪些不能用，要因人而异，不可一概而论。

"这世界是一半一半的。天一半，地一半；男一半，女一半；善一半，恶一半；清净一半，浊秽一半。很可惜，你拥有的是不全的世界。"是的，人一旦追求完美，就会活得很累。你要求完美，不能接受残缺的一半，所以你拥有的是不全的世界，毫无圆满可言。要学会包容，你才会拥有一个完整的世界。

大肚能容天下事

有一对夫妇只生了一个女儿。夫妇两人视此女为掌上明珠，真是衣来伸手，饭来张口，从来都是事事为她包办。现在他们年老了，只希望早点把女儿的婚事定下来。于是，老两口就动用所有关系给女儿寻找称心如意的郎君。可是，老两口至死也不敢相信，自己一向乖巧的女儿竟然还没出嫁就怀孕了。老两口真是觉得五雷轰顶，气得腿脚都在打战。他们一定要把事情弄明白，到底是怎么回事。于是，他们便向女儿追问缘由。刚开始女儿死也不说，但经一番苦逼之后，她胡乱地说出"白隐"的名字。

老两口不听则罢，一听到"白隐"两个字，怒不可遏，立即就去找白隐理论。可是这位大师始终就一句话："是这样吗？"

不久，孩子就出生了。老两口没有一点思考的余地，强行地把孩子送给了白隐。

寺院里的人一传十，十传百，大家都知道了这件事，从此白隐名誉扫地，但他毫不介意。面对幼小的孩子，他只是疼爱。在以后的日子里，白隐非常细心地照顾孩子。一年后，那位姑娘有了良心发现，她再也无法忍受内心的折磨，对她的父母说出了实情。原来，孩子的亲生父亲是一位渔民。

老两口得知这个消息后差点晕倒。他们拉着女儿，直奔寺庙去。当他们见到白隐时，愧不可言，只是掩着面哭，接着他们就抱走了孩子。

白隐在交回孩子的时候，还是轻声地问："是这样吗？"

很多人会觉得白隐禅师很傻，但是在白隐禅师本人看来，这与傻不傻不是一回事，傻只是个人智力上的障碍，而这是待人待事的一种心胸。在他看来，人若能容下这个世界，这个世界也能容下你。这个世界是宽广的，你的心也要跟它一样宽广，那样你肯定会"量大福大"，至少你的心灵会是幸福的。大肚弥勒佛之所以深得人心，并且自己也能常葆快乐，就在于他心量广大，能容天下难容之事。在现实生活中，我们能否找到心量广大的普通人呢？答案是肯定的。

有一个真实的故事。当村民孔某沉浸在喜得千金的兴奋中时，妻子张某却告诉了他一个残酷的事实：这个新生命是她和别人的孩子！经过一番痛苦挣扎，孔某最终宽容了妻子，并将孩子视为己出。然而，好景不长，11 年后，这个孩子却患了白血病，生命告急！经过一番思想斗争，孔某作出了一个令人难以置信的决定：让张某与前男友再生一个孩子救女儿！然而，这个决定遭到了张某的坚决反对："这 10 多年来，我们早就没有任何来往，况且双方都已有家室，你让我怎么跟他讲？再说，我至死都不想让他知道孩子是他的亲生女儿，我更不能再做对不起你的事啊！"

"为了挽救孩子的生命，你慎重考虑考虑吧！"孔某诚恳地对张某说。张某又何尝不想救女儿呢？只是这么多年来，孔某对她和孩子的感情深如海，她万分珍惜这份来之不易的亲情，她也实在不愿让这份感情再受到任何玷污了。

经过了整整三天的内心折磨，张某还是不能接受和前男友有什么瓜葛的事情。但是她想了一个万全之策，那就是用其他的方法与他再生一个孩子。经过与孔某商量后，夫妇俩坦率地把自己的隐私对大夫讲明了，大夫建议他们："你们可以采用人工授精的方法怀孕，这样也能使孩子获救。"

孔某找到并说服了张某的前男友，使他答应。手术做得很顺利，一个多月以后，张某就怀孕了。张某顺利产下一个女婴。生产以后，孔某当即带上装在保温箱里的一段脐带，到省人民医院做配型化验。从那里传来喜讯，配型成功！孩子稚嫩的生命，终于又重新扬起了希望的风帆。

显然，孔某就这样承受了有悖传统伦理的"奇耻大辱"，奉献了拯救孩子生命的大爱！尽管他因此陷入了难言的尴尬和隐痛，但他的人生却因此显现了人性的光芒，令人肃然起敬。

宽容应该是一个神圣的字眼，宽容应该是一个神圣的概念，宽容应该是一种人类精神。宽容是一种善，宽容是一种美，宽容是一种人性，宽容是一种胸怀和气度。宽容是一种修养、一种成熟，这种修养表现出来的不是软弱，而是一种力量、一种魅力。

互相谦让

王玲兴冲冲地抱着一束鲜花和供果赶到寺院。可是，没料到刚踏进大殿，她的右侧突然跑出一个人，正好与王玲撞个满怀，还把她捧着的水果撞翻在地。王玲看到满地的水果，而且大部分已经摔烂了，她不禁叫起来："你看！你这么粗心，把我的水果全部撞烂了，你怎么给我一个交代啊？"

那个人也不生气，也不道歉，只是不紧不慢地说："我已经把水果撞翻了，水果也烂了。既然已经这样，那我能有什么办法挽回这一切啊，我顶多说一声'对不起'就够了，你干吗那么凶啊？"

王玲被那个人的话气得半死："你这个人是什么态度啊！明明是你做错了还要怪人。"

两个人的对话并不顺利，紧接下来，两个人就对骂起来了，互相指着鼻子数落着，声音越来越大。

一位禅师正好路过这里，见两个人在互相对骂，于是，停下来问明原委后，说："莽撞的行走是不应该的，但是不肯接受别人的道歉也是不对的，这都是愚蠢不堪的行为。能坦诚地承认自己的过失及接受别人的道歉，才是智者的举止。"

禅师看了看两人，见他们没有说什么，于是就又说："我们活在这个世界上，需要协调的生活层面的事情太多了，比如，在社会上，如何与亲戚、朋友取得协调；在教养上，如何与师长们更好地沟通；在经济上，如何量入为出；在家庭上，如何培养夫妻、亲子的感情；在健康上，如何使身体更加健康；在精神上，如何选择文明的生活方式，才能够不辜负我们宝贵的生命。生活中有那么多的事情需要我们去处理好，如果我们仅仅为了一点小事就大打出手，大骂出口，这不是愚蠢那是什么。"

听到这里，撞翻了王玲水果的人幡然大悟，低下头说："禅师！是我错了，实在是太冒失了！"说着便转身向王玲说，"请接受我至诚的道歉！我实在太愚痴了！"

王玲也感到很惭愧，之后由衷地说："请您原谅，刚才我也有不对的地方，不该为这点小事就大发脾气，实在是太幼稚了！"

心存一份宽容，凡事俱能化解！生活中多一点体谅，世界就会变得海阔天空！言语不当带来的冲突和愤怒，是生活中最常见的烦恼，所以一个人说话的时候，内心要平静，以温柔的语调和适当的节奏，轻松、切题、清晰而愉快地说。如此可以创造愉快的沟通气氛，让周围的人心生欢喜，这也是不用花钱就能做到的，我们何乐而不为呢？

笑纳百川

从前有一个年轻人，不知什么原因，常常遭到别人的辱骂。当他不服气反唇相讥时，换来的却是更大的羞辱。长期被人辱骂，那位年轻人已经耐不住自尊连番受挫，一时心灰意冷，愤然决定出家。

教他佛学的师父洞悉了这位年轻人心中的障碍，忽然一改往常善良的态度，对那位年轻人动辄吼骂，视之为无物。

"怎么了？我骂你又怎样啊，你不高兴是吧！不服气是吧！不服气，你也可以反骂回来呀！为什么不敢？因为我是你师父？因为你骂了我，我会赶你出去，天下之大就没有你可以容身之所，还是你会被我骂输，担心自尊受到更大的侮辱，唯恐又刺伤了从前的痛处？"

年轻人刚来寺院的第二天就被师父骂得狗血喷头，这令他无论如何也接受不了。只见他气得额头青筋浮凸，双眼红得像血一样欲蹦出眼眶。

"像你现在的心境，要想学好佛法，只有两条路可以走，一条是去后山禁闭室修行两年，一条是立刻滚出山门。"师父铁着脸说。

年轻人虽然被眼前的一幕快要气炸了，但是一想到师父刚才说的话，离开这儿，岂不又要回到原来的世界？一个人寂寞独处，不必一再地被羞辱，这也是一件好事，为何不试试呢？于是他决定修行两年。

在这修行两年的期间里，可怕的是师父还会不定时地来到后山，在禁闭室外故意骂他不长进，是庸夫一个，而他总是想尽一切办法，紧闭门窗，独自在里头气得直跺脚，以疗功回应。无奈，越忍耐就越气，修行还怎么修得下去？

一天，师父与往常一样又来到禁闭室外，破口大骂他不是个东西，没想到他却出声回应了："谢谢师父的赞美，弟子还真不是个东西呢！"

师父察知他有所转变，但不晓得到达何种程度，继续骂："哎呀！你这个烂东西，竟然敢顶撞师父！"

年轻人再回应："啊！师父，您说对了！弟子全身上下就没一处是好东西，若非这个虚假不实的烂身体，弟子早云游四海去了！"

"哼！你这废物，将来出山门可别说是我的徒弟！"

年轻人在屋里哈哈大笑，说道："不敢，不敢！我会说自己是师父的一堆屎，将来有机会埋在土里，滋养大地，使万物受育。幸哉！幸哉！"

师父终于再也骂不下去了，高兴地说："你现在的心胸，想必是万里无云的晴空了。既然阴霾已去，还赖在笼子里干什么？出来吧！"

要把心里的空间留出来，不要让怨气塞得满满当当。牢骚满腹容易气粗肠断，怒气冲天就会心痛肝伤。生气是用别人的错误来惩罚自己，宽容是用别人的成绩来激励自己。以骂止骂，无异于拿矛刺盾，有可能会招惹更多的攻击。用忍制辱，只怕火候不够，到头来，自己又被伤害了一次。不如学习大海一样的胸怀笑纳百川，非但没有受到吞并污染，反倒汇成汪洋，包蕴无限生机！

不要斤斤计较

某天傍晚，一个失意的青年人走在回家崎岖不平的山路上，突然脚底下踩着一个东西，低下头来一看是个袋子。在镇上一天了也没有做成一笔生意，想到这儿，心情很是郁闷的他狠踢了那个袋子一脚。奇怪的是，那个袋子不但没被踢破，反而膨胀起来，并成倍地扩大着，瞬间大如磐石。青年人恼羞成怒，拿起一根碗口粗的木棍砸它，那袋子竟然胀到把路都堵住了。

正当这个年轻人与那个袋子较劲时，佛祖从山中走出来，语气平和地对青年人说："小伙子，别动它。它叫仇恨袋，你不犯它，它就小如当初；你侵犯它，自就膨胀起来，与你对抗到底。忘了它，离它远去吧！"

生活中总是有一些人心胸狭隘，为一点点小事生气，心烦意乱。当别人无意中惹到他们时，他们总是睚眦必报，绝不吃半点亏。他们做人的原则就是半点亏都不吃。

公交车上总是人挤人，就连空气都是紧张的。

这日婷婷与往常一样下班乘坐公交车回家，但是她在公司门前的那个车站等了很久都没有来车。晚上她还要加班呢，要不然明天的活就干不出来了。她越想越急，脚底不断地踩来踩去。

终于等来了一趟车，里面的人黑压压的，多得已经挤到了门口。没办法，婷婷只好努力地向上挤，终于挤上了车。但挤车时一不小心，踩了旁边的胖大嫂一脚。胖大嫂的大嗓门叫开了："踩什么踩，你瞎了眼了?"婷婷原本还想道歉来着，但一听这话面子上挂不住了："就踩你了，怎么着?"

于是，两个女人的"好戏"开演了。双方互相谩骂，恶语相向。随着火力的升级，两人竟然动起了手。胖大嫂先给了婷婷一巴掌，婷婷也立即以牙还牙，两手都上去了，在胖大嫂脸上乱抓一通，还是边上的好心人把她们拉了开来。

婷婷的指甲长，抓破了胖大嫂的脸，而她却没怎么受伤。想到这里，婷婷不禁得意起来。

一路上气鼓鼓的，终于回到了家，一进家门婷婷便向老公倒起了苦水。不过她倒认为自己没吃亏，反倒把那恶妇抓破了脸，所以，讲到这里一脸的灿烂。这时老公看了她一下，惊奇地问道："你右耳朵上的那个钻石耳坠呢?"婷婷一摸耳朵，钻石耳坠早已不见了踪影。

我们常常以为"以牙还牙"就是让自己不吃亏，事实上，这是一种小肚鸡肠的表现。总以为别人占自己一分便宜，自己就要想尽办法占三分回来，否则自己就是吃了大亏，但是事实真的就像我们想象的那么单纯吗?

春秋战国时，梁国与楚国相邻。两国向来结有敌意，在边境上各设界亭，也就是现在所说的哨所。两边的亭卒都在各自的地界里种了西瓜。梁国的亭卒勤劳勇敢，每天空闲时间都在西瓜地里锄草浇水，瓜秧长势很好；楚国的亭卒恰恰相反，懒惰成性，从来都不给西瓜地锄草浇水，瓜秧长得又瘦又弱。

真是人比人，气死人。楚亭的人自己觉得丢了面子。他们不愿意看到梁亭人种的西瓜就这样长下去，想要使用手段让对方的西瓜就此死去。于是就在一天晚上，楚亭卒乘月黑风高，偷偷越过国界把梁亭的瓜秧全都扯断。梁亭的人第二天发现后，非常气愤，报告给县令宋就，说要以牙还牙，也过去把他们的瓜秧扯断。

宋就说："他们这种见不得人的行为是不对的。既然别人的行为是不对的，那我们就更不能跟着学了。如果我们也像他们那样做，未免太狭隘、太小气了。所以我劝你们照我的吩咐去做，从今天开始，每晚去给他们的瓜秧浇水，让他们的瓜秧也长得好。而且，这样做一定不要让他们知道。"

梁亭的人听后觉得有道理，就照办了。

楚亭的人发现自己种的瓜秧长势一天比一天好起来，再仔细观察地上，发现每天早上地都被人浇过，而且是梁亭的人在夜里悄悄为他们浇的。

楚国的县令听到亭卒的报告后，感到十分惭愧又十分敬佩，于是上报楚王。楚王深感梁国人修睦边邻的诚心，特备重礼送梁王以示歉意。结果这一对敌国成了友好邻邦。

"以牙还牙"，看起来矛盾的双方是势均力敌，谁都不吃亏，但当你真的以这种原则去办事时，你会发现你可能解了一日之气，但不能得到大多数人的认可和好评。所以，你的行为事实上在告诉别人你是一个度量狭小的人，那么还有谁敢靠近你？反之，以德报怨，不仅可以使那些对你不敬的人心生惭愧，同时还可以告诉别人你的胸怀和气度是别人无法企及的，那么你会在不知不觉中吸引许多有德之人。这才是小舍大得的上上之策。不要做那种斤斤计较的傻事，不要做一个斤斤计较的人，那样对你没有任何好处。

所谓"小中见大"，小事更能体现一个人的心胸和素养，不要在小事上栽了跟头，甚至坏了一世"英名"，那就真的得不偿失了。

世间最纷扰的一个字是争。这个世界的吵闹、喧嚣、摩擦、嫌怨、钩心斗角、尔虞我诈，都是争的结果。争到最后，原本广阔的尘世只能容得下一颗自私的心。生活原本没有痛苦，没有烦恼，没有忧愁，当计较太多、背负太多时，痛苦、烦恼、忧愁就产生了。所以，做人要能吃亏。人生一世，生不带来，死不带去，斤斤计较，反而会舍本逐末，往往失去的也许更多。真正聪明的人，不会在乎表面上的吃亏，他们看重的是实质性的"福利"，因为能够吃亏的人，往往是一生平安、幸福坦然的。能吃亏是做人的一种境界，会吃亏是处世的一种睿智。吃亏决不亏，惜福才有福！

赠人一轮明月

一秀禅师喜欢在山中修行。这一日他与往常一样到山中修行，之后，他就在林中悠闲潇洒地散步。夜晚，在皎洁的月光下，清泉石上流，别有一番禅意。

尽兴之后，他哼着小曲，轻松而喜悦地快步回到住处。刚想要进屋，他好像感觉到屋里有个人影在晃来晃去。一秀禅师本能地感觉到屋里进了小偷，但是他只是静静地站在门口观察着小偷。只见那个小偷正在翻箱倒柜地寻找财物，不一会儿整个屋子就被他翻得乱如垃圾场，依然没有找到任何东西。半个时辰之后，小偷因为没有找到任何值钱的东西，悻悻然要离开的时候，发现了正立于门口的禅师。

此时的小偷有一些惊愕，有一些不安，也有一些害怕。他早就听说一秀禅师是一位身怀绝技的高人，自己飞檐走壁的那两三下功夫根本就不是一秀禅师的对手。所以，他在月光下有一点瑟瑟发抖。

一秀禅师看到了，就脱下身上的僧服，走过去，递给小偷："施主远道而来，又要远道而走，带上这件衣服回去典几个钱买口粮吧。"说完绕过小偷径自回房了。

小偷只是傻傻地站在那里，不知所措，后来低着头溜走了。

一秀禅师看着小偷远去的背影，渐渐地消失在山林之中，善良地感慨道："可怜的人呀！但愿我能送你一轮明月。"

第二天一大早，一秀禅师打开房门时，看到地上有一件叠得整整齐齐的僧服。他知道这件僧服就是昨天他给那个小偷的那件，上面还放有几只带着露水的野果。

一秀禅师高兴得差点跳起来，喃喃地说："年轻人，我终于送了你一轮明月。"

面对入室行窃的小贼，一秀禅师没有半点责骂之意，更没有告官，没有与其大打出手，而是以宽容的胸怀原谅了他，最终也唤回了小偷的悔改之心。

宽容是一种智慧和美德；宽容是一种修养和境界；宽容是一种心灵的解脱和升华。宽容就是不责人之小过、不揭人之隐私、不念人之旧恶。宽容是心与心的交融，无声胜有声。宽容是仁人的虔诚，是智者的宁静。正因为深邃的天空容忍了雷电风暴一时的肆虐，才有了自己的风和日丽；正因为辽阔的大海容纳了惊涛骇浪一时的猖獗，才有了自己的浩渺无限。

宽容是人类生活中至高无上的美德。因为宽容可以超越一切的不公和不平等，宽容别人的人有一个博大的胸怀，它能融化人们心头的积怨和冰雪。

生活需要宽容。在生活中，每个人都会有不顺心的时候，请不要忘记，宽容是一剂良药，能给别人带来心灵的宽慰，也能给自己带来幸福和快乐。宽容别人，其实就是宽容我们自己。多一点对别人的宽容，我们不会有孤独和寂寞。有朋友的生活，才会少一点风雨，多一点温暖和阳光。懂得宽容别人，头顶上永远都是一片晴空。

第六章　回归简朴，从容淡定

淡定是一种理性、一种坚忍、一种气度、一种风范、一种达观的生活态度、一种超然的人生境界。淡定就是你对名利荣辱的淡然，将物质、名利视为身外之物，简简单单地生活，快快乐乐地享受着回归简朴的淡然。我们每个人都需要这种心态，在生活中才会泰然处之、宠辱不惊，不会太过兴奋而忘乎所以，也不会太过悲伤而痛不欲生。

宠辱不惊

唐代禅宗第四祖道信大师在黄梅住了30多年。贞观年间，唐太宗李世民仰慕道信大师的仙风道骨，就遣派使臣前往迎请，希望道信大师能进宫与他会面。

使臣到了黄梅，向道信大师面告太宗皇帝的旨意。道信大师听后只是淡淡地说道："感谢太宗皇帝的盛邀！感谢你们的到来！同时请你们为我回谢皇上的盛意，我年老了，过惯了深山老林的生活，不愿再入繁华的城市了。"

于是，使臣把道信大师的话带给了太宗。原本太宗对道信大师的仰慕之情就很深，现在使臣带回了他意想不到的话，当然他不死心。过了不久，太宗又第二次派遣使臣前往黄梅迎请道信大师。道信大师还是坚持自己的信念，不出山。他再次告诉使臣："请你们禀告皇上，我年老多病，不能进京。"

上一次使臣们把道信大师的话带回到皇帝身边时皇帝就已经不满了，这次还是像上次一样拒绝邀请，事情就不好办了。使臣们一个个都劝破了嘴还是不管用，道信大师还是如此倔强。最后，使臣们实在是没有办法了，只好又把道信大师的意思禀告给唐太宗。

唐太宗一听道信大师还是拒绝，他脸上就露出了不悦之情，觉得道信伤害了自己的九五之尊。

虽然如此，唐太宗仍然派遣使臣用轿子恭敬地迎接道信大师进宫。哪知，又被道信大师拒绝了。

"一之为甚，其可再乎？"太宗终于发怒了，就令使臣前去黄梅，以刀威吓道信大师，"若再不应诏进宫，当取首级前去！"

道信大师的徒弟们这时候都被吓得面无血色，纷纷劝其进宫面圣。而大师却不但没有慌张，反而静静地伸颈就刀，令使臣大惊。使臣也不敢造次，连忙抛刀扶着道信大师，向大师顶礼忏悔。使臣回宫后把这一情形禀告给唐太宗。

太宗听后，对道信大师的志向敬重不已，并赐以珍帛，以满足大师修行于山林的志向。

自古就有很多圣贤之人，视珍宝为粪土，看功名如浮云。然而像道信大师这样，能够做到宠辱不惊，以至将生死置之度外，不为权势所迫，的确不是凡夫俗子能够望其项背的。但即便如此，我们还是应该以他为榜样，向圣贤靠近。

"非淡泊无以明志，非宁静无以致远"，这是诸葛亮写给他儿子的，具有深刻的教育意义。我们每个人如果都具备"淡泊"和"宁静"的处世原则，恐怕我们的人生道路就非常美好了。

除去心头的障碍

远古时候，有位忠厚老实又勤劳的农民，家徒四壁，仅靠一把锄头维生。他对这把锄头总是心存感激，更是对它爱惜如命。

有一天，这个农民忽然领悟到，自己的生命在一天天地变老，锄头也会随着时日消逝而逐渐磨损，所以自己应看开一切，赶紧修行。于是他把锄头收藏好，剃度出家，并发愿："此生此世如果烦恼不断，决不罢休。"

经过一段时间的听经闻法，当农民的心定下来的时候，忽然想起那和他相依为命的锄头，便不顾一切还俗。回到家中，他拿起锄头左瞧右看，爱不释手。一段时日后，他又回到师父面前恳求忏悔，然后再出家。又经一段时日，又再还俗，如此来来复复已经六次了。

这一次他抱定决心，拿起锄头跑到河边对它说："我这一生，生命是你养活我，慧命却断在你手中。今天我要丢弃你，永远不要和你见面。"说完后就闭上眼睛，毅然将锄头抛进河内。

当锄头脱离手中的时候，农民忽然感到无比轻松和满足。

想做成一件事情，就要心无杂念，不被外物所扰。你越是喜欢一件东西，它便会阻碍你，成了你的心魔。除去杂念，便会有一番收获。

某条老街上有一铁匠铺，铺里住着一位老铁匠。由于没人再需要他打制的铁器，现在他以出卖拴小狗的链子为生。

他的经营方式非常古老和传统。人坐在门内，货物摆在门外，不吆喝，不还价，晚上也不收摊。你无论什么时候从这儿经过，都会看到他在竹椅上躺着，微闭着眼，手里拿着一只收音机，旁边有一把紫砂壶。

他的生意不好不坏。每天的收入正够他喝茶和吃饭用。他老了，已不再需要多余的东西，因此他非常满足。

有一天，一个文物商人从老街上经过，偶然看到老铁匠身旁的那把紫砂壶。因为那把壶古朴雅致，紫黑如墨，有清代制壶名家戴振公的风格。他走过去，顺手端起那把壶。只见壶嘴内有一记印章，果然是戴振公的。商人暗自惊喜，因为戴振公在世界上有捏泥成金的美名。

商人端着那把壶，想以 10 万元的价格买下它。当他说出这个数字时，老铁匠先是一惊，然后拒绝了。因为这把壶是他爷爷留下的，他们祖孙三代打铁时都喝这把壶里的水。

虽没卖壶，但商人走后，老铁匠有生以来第一次失眠了。这把壶他用了近 60 年，并且一直以为是把普普通通的壶，现在竟有人要以 10 万元的价钱买下它，他转不过神来。

过去他躺在椅子上喝水，都是闭着眼睛把壶放在小桌上，现在他总要坐起来再看一眼，这让他非常不舒服。特别让他不能容忍的是，当人们知道他有一把价值连城的茶壶后，开始挤破门，有的问还有没有其他的宝贝，有的甚至开始向他借钱，更有甚者，晚上也有人推他的门。

他的生活被人们彻底打乱了，他不知该怎样处置这把壶。当那位商人带着 20 万现金第二次登门的时候，老铁匠再也坐不住了。他招来左右邻居，拿起一把斧头，当众把那把紫砂壶砸了个粉碎。

现在，老铁匠还在卖拴小狗的链子，据说今年他已经 102 岁了。

对于有些人来说，心灵的宁静是主要的，身外之物即使再珍贵，一旦影响到自己内心的安宁，便会百害而无一利了，必须要舍弃它。对农夫来说，锄头是他心头的障碍，被丢进河里；在老铁匠眼里，紫砂壶成了他的累赘，被打碎了。那么你呢？什么才是你的心魔？你有舍弃的勇气吗？

控制自己的欲望

修炼品德是一件很艰苦的事，必须时刻克制自己的欲望，才能有所收益。理性的克制对一个追求成功的人来说，不是束缚的锁链，而是强韧的护身甲。虽然披挂上它不免有些累赘，但是它能让你避免误入歧途，早日达成自己的目标。如果不能克制自己的欲望，虽然也下了功夫，但最终还是会功败垂成。

传说中，有两个人偶然得到了酿酒之法。别人叫他们选取端阳那天成熟、饱满的大米，用冰雪初融时高山飞瀑、流泉的水珠调和了，再注入千年紫砂土烧制成的陶瓷，最后用初夏第一张沐浴朝阳的新荷裹紧，密闭四十九天，直到凌晨鸡叫三遍后方可启封。

这两个人牢记秘方，历尽千辛万苦，跋涉千山万水，风餐露宿，胼手胝足地找齐了所有必需的材料，把梦想和期待一起调和密封，然后潜心等候着那激动人心的一刻。

时间一天天地过去了，多么漫长的守护啊。当第49天姗姗到来时，即将开瓮的美酒使两个人兴奋得整夜都不能入睡，他们彻夜都竖起耳朵准备聆听鸡鸣的声音。终于，远远地，传来了第一声鸡啼，悠长而高亢。又过了很久很久，依稀响起了第二声，缓慢而低沉。等啊等啊，第三遍鸡啼怎么来得那么慢，它什么时候才会响起

尘世悟语 淡定与舍得的智慧

啊？其中一个再也按捺不住了，他放弃了再忍耐，迫不及待地打开了陶瓷，但结果却让他惊呆了……

里面仅仅是一汪水，混浊，发黄，像醋一样酸，又仿佛破胆一般苦，还有一股难闻的怪味。怎么会这样？他懊悔不已，但一切都已经不可挽回，即使加上他所有的跺脚、自责和叹息。最后，他只有失望地将这汪水倒掉。

另外一个人，虽然心中的欲望像一把野火熊熊燃烧，烧烤得他好几次都想伸手掀开瓮盖，但刚要伸手，他却咬紧牙关挺住了，直到第三声鸡啼响彻云霄，东方一轮红日冉冉升起……啊，多么清澈甘甜、沁人心脾的琼浆玉液啊！

人人都会有欲望，如果没有了欲望就没有了动力，如死水一般。然而，要想成功我们就必须要正确地控制自己的欲望，而不能被它所控制。成功与失败之间最大的差别，往往不是智商和能力的差别，而是韧性和耐心的差别，是内心欲望克制程度的差别。

快乐不需要太复杂

三更半夜的，智通和尚突然大叫："我大悟了！我大悟了！"

他这一叫惊醒了众多僧人，连禅师也被惊动了。众人以为智通和尚发疯了，之后，一起来到智通的房间。老禅师推着智通，焦急地问道："智通，你悟到什么了？居然这个时候大声吵嚷，说来听听吧！"

"我的悟性真高啊！"智通和尚大声说道。

众僧以为他悟到了高深的佛旨，没想到他却一本正经地说道："我日思夜想，终于悟出了——尼姑原来是女人做的。"

刚说完，众僧就哄堂大笑："这是什么大悟呀，我们大家都知道的呀！"

但是禅师却惊异地看着智通，说："是的，你真的悟到了！"

智通和尚立刻说道："师父，现在我不得不告辞了，我要下山云游去。"

众僧又是一惊，心里都认为，这个小和尚实在是太傲慢了，悟到"尼姑是女人做的"这么简单的道理也没什么稀奇的，却敢以此要求下山云游，真是太目中无人了；竟敢对我们师父这么无理，可恶！

然而禅师却不这样认为，他觉得智通到了下山云游的时候了，于是也不挽留他，提着斗笠，率领众僧，送他出寺。到了寺门外，智通和尚接过了禅师给他的斗笠，大步离去，再也没有任何留恋。

众僧都不解地问禅师："他真的悟到了吗？"

禅师感叹道："智通真是前途无量呀！连'尼姑是女人做的'都能参透，还有什么禅道悟不出来的呢？虽然这是众人皆知的道理，但是有谁能从这里悟出佛理呢？这句话从智通的嘴里说出来，蕴含着另一种特殊的意义——世间的事理，一通百通啊。"

世界上的事，无论看起来是多么复杂神秘，其实道理都是很简单的，关键在于是否看得透。生活本身是很简单的，快乐也很简单，只是很多人把它们想得复杂了，或者是他们自己太复杂了，所以往往感受不到简单的快乐，弄不懂生活的意味。

一直以来，很多人都不断地把各种有形、无形的东西加在自己身上，好让自己富有、充裕，他们相信只有这样才能拥有幸福。然而，事实是我们想拥有得越多，烦恼就会越多，而简单的生活才能让我们快乐。

只有简单着，才能快乐着。不奢求华屋美厦，不垂涎山珍海味，不追名逐利，过一种简朴素净的生活，这样的人才能感受到生活的快乐。外在的财富也许不如人，但他们的内心充实富有，这才是属于一个人的最自然的生活。有劳有逸，有工作着的乐趣，也有与家人共享天伦的温馨、自由活动的闲暇，还用去忙里偷闲吗？"世味淡，不偷闲而闲自来。"

"简单生活"并不是要人们放弃所有的一切。实行它，必须从你的实际出发。简单生活不是自甘贫贱。你可以开一部昂贵的车子，但仍然可以使生活简化。一个基本的概念就在于你想要改进你的生活品质而已，关键是诚实地面对自己，想想生命中对自己真正重要的是什么。

一味追求繁复的生活，使很多人不知吃了多少苦头！因此我们要懂得放弃和放手的艺术，要树立简单生活的观念，这样一来生命就会向你展现出另外一个截然不同的景致和局面。

平淡的爱才是真

在一个五月的夜晚，小和尚对师父说："我怎么保持自己的慧心常驻不灭？"师父微微一笑，反问道："你认为呢？"小和尚摇摇头。于是，师父站起来对他说："你随我来吧。"小和尚便随师父到了寺院的后花园里。师父停住脚步，注视着一株待开的昙花，小和尚也默默地注视着。过了一会儿，只见那昙花没有几分钟就将自己的美丽一展无余。而其他的花，却几乎看不到那开放时的样子。到了清晨，昙花惊艳的美渐渐消逝，而其他的花却在太阳的抚慰下，依然默默地展现着自己的美。小和尚一下子明白了师父的用意，知道了安守平淡的可贵。

出家人需要平淡的生活，凡人也是如此。

有一种爱情像烈火般地燃烧，刹那间放射出的绚丽光芒，能将两颗心迅速融化；也有一种爱情像春天的小雨，悄无声息地滋润着对方的心灵。前者激烈却短暂，后者平淡却长久。其实，生活的常态是平淡中透着幸福，爱情归于平淡后的生活，虽然朴实但很温馨。

爱不在于瞬间的悸动，而在于共同的感动与守候。

有一对 40 多岁的夫妇，是朝九晚五的上班族。每天早上 7 点，丈夫都扛着自行车下楼。妻子拿着包，一手拿一个男式公文包，一手挎个女式包。走出楼梯口以后，丈夫放稳自行车，接过妻子手中的两个包，把它们放在车筐里。然后再仔细地调试一下车铃、刹车，再回头让妻子在车后座坐稳了。最后才跨上车用力一蹬，车子载着他们平稳地向前驶去。

丈夫从来都不会忘记回过头来看一看他的妻子。只见她如小公主一般幸福地坐在车后座上，双手优雅地搂着丈夫的腰，脸上洋溢着微笑。丈夫举手投足间透露出对妻子的关爱，而妻子满脸的幸福也是对丈夫最好的报答。

结婚几十年来，无数个朝朝暮暮，他们都是这么平静地过着。岁月在他们脸上毫不留情地留下了皱纹，然而他们的心却依然年轻，仿佛还是热恋中的少男少女。骑着自行车的男人对妻子的爱虽然谈不上奢侈，但却是最朴实、最真切、最贴心的。它细微而持久，有如三月春雨沥沥地轻洒在妻子的心田。

这就是地老天荒的爱情，不必刻意追求什么轰轰烈烈的感觉。生活的点滴之中，就有一种"执子之手，与子偕老"的默契。细水长流的爱情，像春风拂过，轻轻柔柔，一派和煦，让人沉醉入迷。

爱情不是传说，而是生活，需要两个人用心去体验、去感觉，才能酿造出美丽的幸福。有一对小夫妻原本感情很好，但妻子生完孩子之后，他们便开始了分床而居的生活。白天工作已经很辛苦了，晚上还要应付小孩子，渐渐地他们两个人之间的话越来越少。"我有个郑重的要求。"丈夫说道。妻子首先意识到了他们之间潜伏着的危机。她突然对丈夫说："你有什么要求？这么郑重其事的样子。"丈夫漫不经心地说："每天抱我一分钟，好吗？"妻子看了他一眼，笑着说："都老夫老妻的了，有这个必要吗？""我提出了这个要求，就说明十分有必要。你发出了这样的疑问，就证明更有必要。"妻子坚持着说："情在心里，何必表达。"丈夫回答道："当初你要是不表达，我们就不可能结婚。"妻子有点不满地说道："当初是当初，现在不是更深沉了吗？"丈夫解释说："不表达未必就是深沉，表达了未必就是矫饰。"妻子仍然坚持自己的观点。两人终于你一句我一句地吵了起来，最后，为了能早点平息这场战争，上床安息，丈夫妥协了。

她走到床边，抱了丈夫一分钟，笑道："你这个虚荣的家伙！"此后每一天，她都会抽个时间抱他一会儿，有时是一分钟，有时是10分钟，有时甚至更长。渐渐地，两人的关系充满了一种新的和谐。在每天拥抱的时候，虽然两人常常什么话也不说，但是这种沉默与以前未拥抱时的沉默在情感上却有着天壤之别。终于有一天，丈夫要去外地长期进修。临上火车前，他对妻子说："你现在终于暂时获得解放了。""我会想着抱你的。"妻子笑道。果然，他到学院的第二天就接到了妻子的电话，异常温柔地说："我想念那一分钟的拥抱了。"顿时，他的眼睛里渗出了幸福的泪水。的确，对于相爱的男女来说，在激情飞越的碰撞之后，婚姻就会质朴得如同一

119

位村姑。人们常常以"平平淡淡才是真"为借口,逃避对长久拥有的那份感情的麻木和粗糙,却不明白,如果我们用心去经营、用心去表达,那在我们掌心和胸口的爱情怎么会变得越来越冷呢?

很多时候爱情一直存在于我们的身边,只是生活的平淡让我们渐渐遗忘了它的存在。爱得久了,疲劳了,倦怠了,以为生活中只有单调和无味。如果是这样,那你就错了。耀眼的烟花很美,可那瞬间的绽放之后,就不再留存任何开放的痕迹。平淡之中的真味才值得细细体味,因为那才是生活真实的滋味。

无须羡慕别人爱得持久,如果我们能安于平淡,在点滴中品尝生活的真味,你也可以爱得持久。

做个超凡脱俗的人

空无,并不是一无所有。它只是让人们减少对物质的依赖,这样反而能照见内心无限的宝藏。而现代社会中的一些人,即使有了财富、爱情、名位、权势,他们仍然在不停追逐,常常把自己压得喘不过气来。

常言道"少一分物欲,就多一分发心;少一分占有,就多一分慈悲",这是禅者的安贫乐道。翻开禅史,你会发现,有的禅师下一顿的饭还没有着落,却仍然悠闲地说:"没有关系,我有清风明月!"有的禅师则是皇帝请他下山却不肯,宁愿以山间的松果为食,与自然同在。正所谓:"昨日相约今日期,临行之时又思维;为僧只宜山中坐,国事宴中不相宜。"

有一位富翁来到一个美丽寂静的小岛上,见到当地的一位农民,就问道:"你们在这里一般都做些什么呀?"

"我们在这里种田过活呀。"农民回答道。

富翁说："种田有什么意思呀？而且还那么辛苦！"

"那你来这里做什么？"农民反问道。

富翁回答："我来这里是为了欣赏美景，享受与大自然同在的感觉！我平时忙于赚钱，就是为了日后要过这样的生活。"

农民笑着说："我的年龄都这么大了，虽然我没有赚到很多钱，但是我却一直都过着这样的日子啊！"

听了农民的话，这位富翁陷入了沉思。

也许，生活简单一点，心里的负荷就会减轻一些。外出到远方，眼前的繁华美景，不过是一时的安乐。与其辛苦地去更换一个环境，不如换一个心境，任人世物转星移，沧海桑田，做个安贫乐道、闲云野鹤的无事人。

所以，人要真正获得自在、宁静，最要紧的就是安贫乐道。春秋战国时期的颜回过着"一瓢饮，一箪食，人不堪其忧，而回亦不改其乐"的生活是一种安贫乐道；东晋田园诗人陶渊明的"采菊东篱下，悠然见南山"的思想是一种安贫乐道；近代弘一法师"咸有咸的味，淡有淡的味"的思想也是一种安贫乐道。

正是因为他们超脱了尘世俗物的牵绊，看清了人生真正最具价值的所在，他们才能做到乐道。

世事沧桑变幻，贫富皆尽体味。一切铅华洗净之后，粗茶淡饭亦是人生真正的滋味。

不咸不淡才是常味

唐代高僧云岩昙晟禅师少年出家，随百丈怀海大师学禅长达20

年，仍未开悟。于是他只好又到湖南药山去参拜惟俨大师。见面行礼后，惟俨大师问他："请问你从何处来啊？"

云岩昙晟答道："从百丈怀海大师那里来。"

"那请问百丈怀海大师有什么话开示你？"

"平常总是说：'我有一句，百味俱足。'"

"咸是咸味，淡是淡味，不咸不淡是常味，什么是百味俱足？"

云岩昙晟顿时傻眼了，无言以对。

惟俨又说："我也有一句：怎奈目前生死何？"

云岩昙晟随即答道："目前无生死。"

"你在百丈怀海处有多久了？"

"20 年了。"

惟俨叹道："20 年在百丈处，俗气仍未除尽。"

云岩昙晟自惭不已。

过了几天，惟俨禅师又问云岩昙晟："百丈怀海除了一句'百味'外，还说了一些什么法？"

云岩昙晟答道："有时说六句，要我们减掉三句，再取剩下的。"

惟俨叹道："三千里外，且喜没交涉。"又问，"还说什么法？"

云岩昙晟答道："有时上堂，大众刚刚站好，他就用禅杖将大家全都赶散。然后又召回来，自己不说，反而问人：'是什么？'"

惟俨顿时喜形于色，埋怨道："你何不早说？从你口里，我今日得见百丈怀海师兄。"

云岩昙晟也因此开悟了。

"百味俱足"是对现实人生的描绘，无论它是咸味、淡味，我们都存在一个如何去面对的问题，这里面便包含了生活的真谛。

百丈的"百味俱足"与惟俨的"不咸不淡是常味"都能使我们有所开悟：我们应以平常心对待尘世，营造安逸快乐的人生心境。面对咸淡不均的社会生活，应该有一种常味的态度。

一切顺其自然

相信我们当中有很多人都有这样的经历：你非常努力地工作、学习，甚至早出晚归，经常加班，比别人多付出很多努力，多流很多汗水，但得到的却与自己付出的不成正比。

为何会这样呢？不是人们常说"一分耕耘，一分收获"吗？答案是"不"。工作、学习如弹琴，弦太紧会断，太松则不作声。要获得成功，努力学习是必不可少的，但过分地要求自己，对成功太过在意，满怀功利之心，到头来将是因过度紧张而导致失败。只要我们做到不患得不患失，放开名利之心，注重过程而不对结果过分地计较，从容面对，不偏不执，苦中作乐，那么，结果则往往会有令你意想不到的收获。

"平常心是道。"

南泉普愿大师仅此一语，道尽了禅宗千年风韵。

把平常心诠释得最通俗易懂、最生动有趣、最别具一格的，当属南泉的弟子——长沙景岑禅师。

学僧问景岑："师父，你曾亲自见过南泉提倡平常心。那么，什么是平常心？"

景岑正在坐禅，听得学僧如此一问，就把腿放了下来，改为像平常人一样的舒舒服服的坐姿。然后，他问道："懂吗？"

学僧一头雾水，老老实实地说："不懂。"

123

景岑禅师微笑着说："傻小子，想睡就睡，想坐就坐。热了纳凉，冷了烤火。"

景岑禅师的意思是说，一切顺其自然，这样就做到了平常心。

林中树木茂密，地上坑坑洼洼。佛陀指挥着比丘们一会儿左转，一会儿又向右拐。有人不解地问道："一会儿向左，一会儿向右，而左与右是相反的，究竟是向左还是向右？"禅宗祖师说："佛陀既不让我们向左，也没让我们向右，而是让我们向前。"同样，生活中凡事松懈的人，应该要自省精进；而过于执着的人，应该学会放松下来。如果一切能顺其自然，那么我们将会领略到不同的生活景致。

枯荣任它去

在药山禅师的众多弟子中，有一个叫云严，另外一个叫道吾。有一天，师徒三个到山上参禅。药山禅师看到山上有一棵树长得很茂盛，旁边的一棵树却枯死了，于是他问道："荣的好呢，还是枯的好？"

道吾说："荣的好！"云严却回答说："枯的好！"

正在这个时候，来了一个小和尚。药山禅师就问他："你说是荣的好，还是枯的好？"

小和尚说："荣的任它荣，枯的任它枯。"

药山禅师说："荣自有荣的道理，枯也有枯的理由。我们平常所指的是人间是非、善恶、长短，可以说都是从常识上去认识的，都不过停留在分别的界限而已。小和尚却能从无分别的事物上去体会道的无差别性，所以说：'荣的任它荣，枯的任它枯。'"

无分别的世界，才是实相的世界。而我们所认识的千差万别的外相，甚至我们所认为的善恶也不是绝对的。好比我们用拳头无缘无故地打人一拳，这个拳头就是恶的；如果我们好心帮人捶背，这个拳头又变成善的。恶的拳头可以变成善的。可见善恶本身没有自性，拳头本身无所谓善恶，只不过是我们对其用法上的一种差别认识而已。

能驾驭物质财富

所谓修德，若要达到最高的境界，就要释放潜藏在内心之中的纯真本性。这种本性，即是真、善、美，是正直诚信之性。在对待人生的物质财富时，也当如此。

月船禅师在绘画方面很有天分。他画什么都栩栩如生，惟妙惟肖，形神兼备。所以，来求他作画的人很多，但是他很少答应的。可是，最近不知怎么回事，他对求画的人有求必应，但每次作画前，都要和对方谈好价钱，而且必须是先付款，否则他就决不动笔。

月船禅师的举动，引来了社会上许多人的议论。更有人说，现在真是世风日下，人心不古，连禅师也钻到钱眼里去了。

就在人们议论纷纷的时候，一位贵妇人千里迢迢来到月船禅师的寺庙，请求他帮她作一幅画。月船禅师开口就问："你能付多少酬劳？"

"钱，我有的是，你要多少就付多少，我绝不会跟你讨价还价的！"那贵妇人傲慢地答道，然后又补充，"但是我也有一个条件：我要你到我家去当众挥毫。"

月船禅师毫不犹豫地答应了，来到贵妇人的家里。原来她家中正在大宴宾客，很多文人墨客、上流社会的人士都聚在这里。月船禅师镇定自若地用上好的毛笔认真地为她作画，画成之后，拿了酬劳正准备离开。贵妇人却对他说道："你等一等。"然后她转过身，大声对宴桌上的客人宣布道："我不想称他为禅师，那样太玷污'禅'了，我就叫他画家吧。这位画家果真像传说的那样，只知道要钱。他的画虽然画得很好，但心地肮脏。金钱污染了它的善和美。出于这种污秽心灵的作品挂在客厅是不适合的，最多，它只能装饰我的一条裙子。"

说完她便将自己穿的一条裙子脱下，对月船禅师命令道："现在，你在裙子上面画吧！"

月船禅师平静地问道："你出多少钱？"

贵妇人答道："不是说过了吗？随便你要多少。"

月船禅师开了一个特别昂贵的价格，贵妇人毫不犹豫地答应了。月船禅师也毫不犹豫地依照她的要求画了一幅画，画完之后默默地离开。

月船禅师真的是一个贪财的人吗？他为什么受到任何侮辱都无所谓？

原来，在月船禅师居住的地方发生了一场大灾荒。富人们幸灾乐祸，一毛不拔，不肯出钱救助穷人。月船禅师实在看不过去，因此他建了一座仓库，储存稻谷以供赈济，但是一个两袖清风的禅师哪里来的钱呢？并且，他的师父生前一直发愿，要建一座寺院，但临死之前，这个愿望还是一直未能实现。因此，月船禅师发誓，要完成师父的遗愿。

现在，他以作画换来钱财去实现师父的遗愿。于是，就有了文

尘世悟语 淡定与舍得的智慧

章开头的一幕幕。

月船禅师不知道挨了多少白眼、讥讽、侮辱，经过几年的努力，终于完成了他自己赈济灾民的愿望和师父的遗愿。他立即抛弃画笔，退隐山林，从此不复再画。

所谓贫贱不移，富贵不淫。知道此理的人多，真正做到的人并不多。钱财不是人生的全部，但没有财富的人生毕竟是一种缺憾。

月船禅师懂得钱财为身外之物，但在需要它时又毫不隐讳，取之有道，这是修行者的境界。相形之下，我们现实社会中的人又该如何对待金钱和财富呢？很简单，我们应以一种健康的心态来对待它。

我们每个人都需要钱，因为钱可以提供给我们更加舒适的生活，可以让我们的行动更加自由。然而我们又不能过于看重金钱，因为一旦钻到钱眼里，金钱就会束缚个人的自由。你拥有得越多，你就想要得越多。要过上美好的生活，财富是必不可缺的。但是我们要知道，财富数目是永远没有止境的，一旦我们开始盲目地追求财富，是很容易迷失方向的。而这些自以为拥有财富的人，其实是被财富所拥有。

生活应简约

让自己在地位上和物质上高于别人是一部分人追求的目标，正因为如此，他们难以满足平淡、简单而低调的生活。然而，他们并未注意到在追求生活表面的高层次时，就极容易让精神的追求趋于麻木、低俗。恰恰相反，人生的价值正是在精神的充实、满足中创造出更大的社会价值。

不少人对生活有一些过高的期望：拥有宽敞豪华的寓所；争取更高的社会地位；买高档商品，穿名贵皮鞋；跟上流行的大潮，永不落伍，等等。其实，这些都并非人生价值的真正体现。

乌达雅纳王妃夏马伐蒂向阿难陀供养 500 件衣服，阿难陀欣然接受了。

乌达雅纳王听说这件事后，他怀疑阿难陀可能是出自贪心才接受了这些衣服。于是，他探望了阿难陀，对阿难陀说："尊敬的，你为什么一下子接受 500 件衣服呢？"

阿难陀回答说："大王，有许多比丘都穿着破衣服，我准备把这些衣服分给他们。"

"那么，破旧的衣服做什么用呢？"

"破旧的衣服做床单用。"

"旧床单呢？"

"做枕头套。"

"旧枕头套呢？"

"做床垫。"

"旧床垫呢？"

"做擦脚布。"

"旧擦脚布呢？"

"做抹布。"

"旧抹布呢？"

"大王，我们把旧抹布撕碎了混在泥土中，盖房子时抹在墙上。"

可见，阿难陀并非贪心，而是一个节俭的好榜样。无论是谁，节俭都是一种美德，是一种低调行为。

人人都知道中国台湾"经营之神"王永庆先生的事迹。即使在世界企业家行列中，"王永庆"这三个字听起来也是如雷贯耳。王永庆不仅是台湾最大的集团——台塑关系企业集团的董事长，也是台湾工业界的领袖，更是世界闻名的富豪。据美国一家杂志20世纪80年代末期编制的世界超级富豪排行榜，王永庆名列第16位。

然而，就是这么一个拥有数十亿美元资产的超级富翁，做人却从来都不张扬，个人生活也节俭到了令人难以置信的程度。在家中，他每天坚持做毛巾操，所用的那条毛巾竟用了20多年，直到实在无法使用为止他才丢掉。家里用的肥皂，即使剩下一小角，他也不会轻易丢掉，而是将其黏附在大肥皂上，力求用尽其剩余价值。

王永庆的这种节俭的生活作风，在公司里也同样保持着。除非有应酬，他一般在公司里吃午餐。他也不搞特殊化，吃的是和一般部门主管一样的盒饭。他边吃边听汇报、检查工作，招待客人。他并不是到豪华大饭店里去大摆宴席，而是在各分公司设立的招待所里设便饭招待客人。

大企业里的高级管理人员一般都配有轿车，但台塑关系企业集团出于节约的考虑，不但处长级没有配备轿车，就连经理级也没有专车。一旦发现下属有铺张浪费的行为，王永庆对他们的处罚是相当严厉的。一次，有几名部门主管因公请了3位客人吃饭，花掉了2万元新台币。王永庆知道这件事后，不但把几位主管狠狠地教训了一顿，还对他们给以重罚。

像王永庆这样的富豪，一掷千金对他来说根本就不算什么。但他却能不求奢华，保持常人姿态，这可能是王永庆之所以走向成功的重要品质之一吧。

人的一生就是受苦的过程。当然，我们不能强求每个人都要信奉这个观点。但是，你要谋求发展，就要处处小心谨慎，低调做人，把吃苦受累看作是很平常的事，这才是一种稳健的心态。

王永庆在生活上虽然非常节俭，但是他也绝对不是一个守财奴。他创立的长庚医院，收费标准大大低于其他医院。他多次捐款给社会福利机构和公共事业单位，而且出手阔绰，毫不吝惜。他曾经一次捐给一家医院 2.5 亿新台币，用于医院的扩建改造。

王永庆的所作所为不失为一种低调做人的姿态。

人都是感情动物，他们希望看到你身上的平民气质，而不是金钱和地位。如果你具备和保持这种气质，那么他们的心里就很愿意容纳和接受你。

一切物品因缘而来，惜缘就应惜物。无论是王永庆，还是哪位伟人，他们往往因为节俭才变得富有。

人生需要淡定

人生不如意事，十之八九；可与人言者，十之一二。昔日寒山问拾得："世间有人谤我、欺我、辱我、笑我、轻我、贱我、骗我，如何处置乎？"拾得回答说："忍他、让他、避他、由他、耐他、敬他、不要理他，再过几年你且看他。"如此的态度就是淡定。

一个人要挣脱这个纷杂喧嚣、物欲横流的社会，的确很难。但是，每个人都别无选择，如果你要幸福，你的心灵就必须拥有一份淡定。唯有淡定，才能让你的内心安静下来，才能细细品味生活的万千滋味。

如何做到淡定呢？先说一个故事吧。

有这么一个女人，她没有背景，没有美貌，也不机敏，也不可爱，却是一个大家族里最受欢迎的事实上的主人。

她是谁？她就是日本小说家紫式部《源氏物语》笔下的花散里，源氏六条院夏宫的主人。其他三宫住着何等之大人物！与之相比，花散里芳华不再、相貌平常，然而只有她一直陪源氏走到了最后。为什么呢？

因为她大方包容，善解人意，理解力强，反应敏捷，性情柔顺，不妒忌，不求太多。她根本不在乎源氏有多少情人，在源氏需要的时候张开双臂给予无私的爱。

在搬进六条院不久，花散里就主动提出不与源氏同房。

源氏从未忘记花散里，一直给予关爱和信任。可以说，花散里是源氏身边众多女人中最可信赖的人，所以源氏先后把两个孩子交给花散里抚养。

源氏常常到夏宫找花散里，两人分榻而卧，彻夜长谈。这是唯一一个能让源氏毫无顾忌畅所欲言的地方，是仅仅说说话就能让源氏安心放松的唯一人选。

小说的作者说："他（源氏）就觉得自己之情长，与花散里之稳重，如意称心，不胜喜慰。"

这确实是一个淡定的女人。

淡定不是平庸，它是一种生活态度，一种人生境界，是宠辱不惊，是对简单生活的一种追求。

淡定的女人是智慧的，是聪明的，是优雅的。

我们这个时代很需要淡定。我们每个人都需要这种心态，在生活中才会处之泰然，不会太过兴奋而忘乎所以，也不会太过悲伤而痛不欲生。

古语言："死生契阔，与子相悦。执子之手，与子偕老。"这是与爱人相守一生的誓言，这种承诺是平淡的，同时也是最真诚的，淡定的。

"我能想到最浪漫的事，就是和你一起慢慢变老。收藏起点点滴滴的心事，留到以后和你慢慢聊。"这是对婚姻的淡定。

"我是一只修行千年的狐，千年修行，千年孤独。夜深人静时，可有人听见我在哭；灯火阑珊处，可有人看见我跳舞？……我爱你时，你正一贫如洗寒窗苦读；离开你时，你正金榜题名洞房花烛。能不能为你再跳一支舞？我是你千百年前放生的白狐。……"这是失恋后的淡定。

"宠辱不惊，看庭前花开花落；去留无意，望空中云卷云舒。""风来疏竹，风过而竹不留声；雁度寒潭，雁去而潭不存影。故君子事来而心始现，事去而心随空。"这是对生活的淡定。

"春有百花秋有月，夏有凉风冬有雪。若无闲事挂心头，便是人间好时节。"这是对世事的淡定。

"手把青秧插稻田，抬头便见水中天。心地清净方为道，退步原来是向前。"这是为人的淡定。

什么是淡定？淡定就是你的淡然，你的超脱，你的看破。

大才子苏东坡原来是一个翰林大学士，但因为政治原因，朋友都避得远远的。当他历经人生万般劫难后，终于领悟到生活的真正味觉是"淡"。他说："莫听穿林打叶声，何妨吟啸且徐行。竹杖芒鞋轻胜马，谁怕？一蓑烟雨任平生。"所有的味觉都品过了，你才知道淡的精彩，你才知道一碗白稀饭、一块豆腐好像没有味道，可是这个味觉是生命中最深的味觉。

生活中，我们总有太多的抱怨，太多的不平衡，太多的不满足，犹如一个被宠坏的孩子，总是向生活不断索取着。越是拥有，越是担心失去。生活中的很多东西一旦失去，便不容我们找寻。

有时幸福就像手心里的沙，握得越紧，失去得越快；有时幸福就像彼岸的花朵，隐约可见，却无法触摸。没有什么是真正的对与错，更没有太多的仇与恨，何不看淡这一切？或许付出真心的人不一定能换来真心，但是你无须后悔，能够拥有一颗平静的心，未尝不是好事。或许明天还是未知，但这又何妨呢？相信明天不会是最坏的，相信上天对每一个人都很公平。

人，应该诗意地栖居。你不过是为了自己丰富而高贵的精神世界活着。也许你做不到，但是，你却可以守住你的淡定。

有些欲望你可以抑制，有些争执你可以让步，有些人你可以疏远，有些东西你可以不要，有些批评和表扬你可以不屑……

不信你试试看，你并不会失去什么。

淡看人间的生死冷暖

笑对生活，淡看人生，就是乐生重生。顺其自然，看开一切，才能活得有意思、有价值。

现实生活中发生的一些事情，使我们无论如何也不能接受眼前的现实。但人最终总要活下去，不如索性把一切都看淡些、看远些。因为一切悲观消极都无济于事。

人生贵在淡泊，古往今来多少名士终其一生心中都在向往或是操守着淡泊的心境。"采菊东篱下，悠然见南山"，这就是陶渊明淡泊的写照。"一箪食，一瓢饮，不改其乐"，凭着淡泊，颜回成了千古安贫乐道的典范。

淡泊是人生的一种坦然，坦然面对生命中的得失；淡泊是人生的一种豁达，豁达对待人生中的进退；淡泊是对生命的一种珍惜，珍惜眼前而不好高骛远。淡泊可以使你真正地享受人生，让你在努力中体验欢乐，在淡泊中充实自己。

淡泊的人生是一种享受，守住一份简朴，不再显山露水。认识生命的无常，时刻保持一种既不留恋过去，又不期待未来的心态。宠辱不惊，去留无意。走一程蓦然回首，你会发现，其实幸福离你只有一个转身的距离。淡泊人生，并非消极逃避，也非看破红尘，甘于沉沦。淡泊的人生才是真正的得心应手的人生。

淡泊是一种豁达的心态，是一种明悟的感觉。淡泊为人，才能活出自我，才能把自己的本色演绎得精彩。

第七章　脚踏实地，一步一个脚印

众所周知，修心是一件极其漫长的事，但那些得道之人都知道，要想证得大彻大悟的境界，绝对没有什么捷径可走，唯有脚踏实地，不断地思考，不断地虚心学习，方能修成正果。我们凡人做人做事也应如此，正所谓心态决定命运。如果我们失去了踏踏实实的心态，人生就只剩下了失败。

生命的过程最重要

从前，有一个国王年龄已经很大了却还没有生孩子。他为了这件事费尽了脑筋，寻求过远近许多名医来医治他的病，可就是治不好，他为此感到很失望，之后再也没有为这事求过医。说来也奇怪，就在国王感到绝望的时候，奇迹出现了，王后怀孕了，后来生了个女儿。看着漂亮的女儿，国王喜从心生，他日夜盼望女儿快快长大。可女儿仍然在不紧不慢地长，丝毫不理会他的急迫心情。国王没办法，便把宫中的医师召来。国王命令医师："给我一种药，能够使我的女儿吃了立即长大。"

医师回答说："我可以给您这种药，使公主立即长大，但宫廷里还没有这种药方，要想取得这种药我就必须到远方去寻找。但条件是，在我出去找药期间，请大王您不要去看望公主，等我采到药

135

回来，公主服完药后，再请您见公主。"说完这番话，他就到远方去找药了。

15年过去了，医师采药终于回来了，他把药给公主吃了后，便带她去见国王。国王见了长大后的女儿异常高兴，并且自言自语地说道："确实是良医，给我女儿吃了药，能让她立即长大。"便诏令左右的侍从，给医师赏赐珍珠宝物。

朝中的人们纷纷嘲笑国王的愚蠢和无知，连起码的常识都不懂，不管女儿的年龄，看见她长大了，便认为是药的作用。

有一个佛信徒来到修行有道的高僧面前说："我想得到您的指点，使我很快地透彻领悟人生。"

高僧便从基础开始，教他坐禅抛除一切尘念的静虑，领会佛教对人生、对社会的观察和解释，积累认识各种行为的规范，达到摒弃一切人生烦恼的修悟境界。

这佛信徒听后欢呼雀跃，说道："真快乐啊！大师，您这么快就让我能达到修行的最高境界，真是了不起呀。"

高僧摇摇头，一声不吭地离开了。

生命是一个自然的过程。生的必然和死的必然一样重要。然而，生命却不仅有这两个过程，生与死对于某个个体而言也许只是一个符号，更重要的意义在于从生到死的整个过程。这是人人都应该经历的，也是人人最该尊重的。生命注定要在由小到大的过程中加入酸、甜、苦、辣的滋味，感受喜、怒、哀、乐的种种心情。在经历了一切该经历的之后，由青涩变成深红，从幼稚变成圆熟。如果你拒绝了经历，也就拒绝了生命。所以请不要在幼嫩的时候急于经风历雨，也不要在熟稔之后渴盼回到从前。一生的过程需要建立在每一天的真实感受的基础上。

《沙原隐泉》中有这样一段话："爬，不为那山顶，只为已经划下的曲线；爬，不管最后到达什么地方，只为了已经耗下的生命；爬，站在永久的顶端，不断浮动的顶端，自我的顶端。爬，只管爬。"生命的意义在于一个攀爬的过程，那是站在今天的顶端向着明天的顶端进步的过程，因为每个人生命的终点都是一样的，都将化作泥土。

有人把人生比作一本书，中间夹杂着无数的坎坷与危机，让人久久不能平静；也有人把人生比作一场游戏，做游戏的过程中有高兴、有失落、有松弛，也有紧张，令人回味无穷。其实无论人生是一本书还是一场游戏，人生都是一个过程。一个人有好的结果，往往是因为他注重实现生命价值的过程，而且在这个过程中他从来没有失落，而是在不断地追求；因为他知道唯有追求，才能完善生命过程，充实出一个有价值的生命。成功人士对于真理、对于事业的追求无不如此。而有些人却不懂得努力的过程，过分看重结果，到头来却是一事无成；其实只要追求过、用心过，即使得不到，也不会有遗憾！因为我们已经感受到了追求过程的充实。

生命的价值不在于结果而在于过程。过程是漫长的、思索的、致远的，是超越时空的，是漫步星河的，是触摸不到的灵魂。

磨难与苦痛造就了辉煌的生命过程。没有 10 年秉烛夜读，哪来衣锦还乡的荣耀？古今中外，任何成就的背后都是一个艰辛的历程，成功的事业需要经营，美满的婚姻需要经营，幸福的家庭需要经营，无悔的人生更需要经营……用心去经营吧，生命的句号一定会很精彩！

充实自己的一生

人活一辈子都无法领悟透两个字——"生"与"死"。"生"与"死"既是人生的起点又是终点，表面上看并没有什么区别，都是来一趟世上，走一圈就回去了，很少有人深刻地思考活着是为了什么。在同等境况下忙忙碌碌的一生里，有的人活了个明白，为了自己的理想而奋斗；有的人却一辈子稀里糊涂，不知自己在忙什么，为什么而忙！可想而知，这两种人的命运与结果是截然不同的。

六祖慧能认为悟禅与人生是一样的，如果在悟禅时"只在嘴上念叨空"，而不去探究其中的"究竟"，那么，这段看似在用功努力的时间实则是荒废掉了。慧能认为如果这样的话，"就是花费一万劫的时间，也不能修得正果，到头来还是竹篮打水一场空"。

六朝时期的宝口禅师对于六祖慧能这段话深有体会，他作有：

口内诵经千卷，体上问经不识。

不解佛法圆通，徒劳寻行数墨。

不管是六祖慧能也好，宝口禅师也罢，他们都想揭示一个禅理，那就是人活着就一定要有一个明确的目的，不能混混沌沌地过一辈子。

的确，人生宛如白驹过隙，倘若我们不能驾驭人生，那只有让它如流水般，只有流走的，却没有留下的。因此，我们一定要明白我们这短暂的一生是怎样度过的，怎样过才是有意义的。

人们在平时并没有察觉到生命的可贵，往往在生与死的抉择中，才能体会到生命的意义，才会明白活着的价值。不要将自己的时间浪费在那些没有丝毫意义的事情上，要抓住每分每秒可以利用的时间充实自己。

世上有许多名人的生命虽然短暂，然而他们却活得很精彩；有的人虽然能够活到百岁，然而他们的生活过得稀里糊涂，简直是空活百年；有的人总是因为害怕死亡而嫌时间过得太快，事实上他们每天都在浪费时间；有的人却忙碌得来不及考虑这些无谓的问题，他们的时间每一分每一秒都被充分利用上了，根本"来不及老"。而这种"来不及老"的人，虽然无法达到参透生死的境界，然而他们离这种境界却并不遥远。

悟光禅师门下的大弟子大智，出外参学 30 年后归来，正在法堂里向悟光禅师述说此次在外参学的种种经历。悟光禅师总以慰勉的笑容倾听着，最后大智问道："师父，这 30 年来，您老一个人还好吗？"

悟光禅师答道："我很好，每天在法海里泛游，讲学、说法、写经，世上没有比这种日子更潇洒的了。我每天都忙得不亦乐乎。"

大智关心地说道："师父，您太辛苦了，您应该多一些时间休息！"

夜深了，悟光禅师对大智说道："你休息吧，有话我们以后慢慢谈。"

天已经亮了，大智还在睡梦中，他隐隐约约听到悟光禅师的禅房传出阵阵诵经的木鱼声。白天，悟光禅师总是不厌其烦地对一批批信众开示，一回禅堂不是拟定信徒的教材，便是批阅学僧的心得报告，每天总有忙不完的事。

好不容易看到悟光禅师刚与信徒谈话告一段落，大智就急忙跑过来抢着问悟光禅师："师父，你我分别这 30 年来，您每天的生活仍然这么忙碌，怎么都不觉得您老了呢？"

悟光禅师道："我没有时间觉得老呀！"

"没有时间老"，这句话后来一直在大智的耳边回响着。

事实上，悟光禅师已经眼睛昏花，腿脚行动也迟缓了，事实证明，他已经老了。毕竟是 30 年的光阴啊，时间对于谁来说都不算短，而悟光禅师却并没有觉得自己老。这主要还是在于他对待人生的态度上，正是他将自己每天的工作安排得很充实，让原本一天中的无数个断点紧密地联系在了一起，他才"来不及老"的。

相信许多人都有这样的感受：当我们还是孩童时，曾经有过许许多多的梦想，但当我们还未来得及去实现这些梦想时，死亡已经悄然而至。我们只能感叹，只能埋怨种种原因导致我们没有看清什么是人生。于是，我们梦想出种种假设，梦想我们能够回到年轻的时候，这只能当作一种心灵的安慰罢了。所以无论我们现在是背着书包上学堂的娃娃，还是上有老下有小的中年，抑或是白发苍苍的老者，只要我们安排好自己剩余的人生，奔着我们拟定的人生目标实实在在地做点努力，才不会留下那么多的遗憾与悔恨。

生命的意义就是在于奋斗，奋斗是一种乐趣，追求是一种动力。所谓人生不过是一场匆忙走过世间的过客生涯。我们就如一粒尘埃飘落到人间，在这个世界上不过是沧海一粟。生命对于我们来说，看似是漫长的，如果融进历史，生命只是一个瞬间。或许你已经明白，人生不过是一场游戏，当游戏结束时，你我还是如来时一般干干净净，不会带走一丝云彩。

虚心做事

我们要以一种虚怀若谷的心态与人和睦相处，只有这样才能去除心中的烦恼与顾虑。很多人都明白其中的道理，但是真正能够做到的少之又少。

善昭禅师曾经很形象地手执竹杖，面对弟子们说，修行之人须懂得"拄杖子"，才能彻底修行，了毕参学大事，而后作了《竹杖偈》：

> 一条青竹杖，操节无比样。
>
> 心空里外通，身直圆成相。
>
> 渡水作良朋，登山堪倚仗。
>
> 终须拨太虚，卓在高峰上。

在这首偈中，竹杖色泽青翠，象征人的韶华正盛，风操卓异。其心空形圆，象征人的虚怀若谷，圆融通达。"卓在高峰上"，比喻可励志助人到达崇高的境界，而这一切喻象，又蕴含着深妙的禅意，颂赞参禅者悟后之空明心境，以及迥异于世俗的节操。

虚怀若谷是一种极大的谦虚的态度，在现实中许多人都缺乏这种自谦，尤其是那些无知但又骄傲自大、自私自利的人；其次是那些稍有点成就的"人物"。他们中很少有人会说：全凭机遇好，才得以享此地位荣誉。或者，即使口头谦虚，那心中的尾巴，却早已翘到天上去了。这些人往往是粗俗浅显、无大智慧之人，建树也会戛然而止。

有一位年轻人热爱绘画，其中也拜过很多名师，均不满意，所以他为此感到有点失望。但是他始终怀着一颗崇高的丹青梦，他下过决心一定要找到一个让自己满意的老师。于是他千里迢迢来到法门寺，并对那里的释圆住持说："尊敬的老住持，我从小热爱绘画，并且决心要学好它，但是十几年了，我苦于没有找到一个能令我满意的老师。"

释圆住持非常理解这位年轻人的心情，于是就笑笑问他："年轻人，当真你走南闯北十几年，真没能找到一个让你满意的老师吗？"

年轻人摇摇头，深深地叹了一口气，说："您不知道，世上许多人都是徒有虚名啊，我见过他们的画作，有的画技甚至还不如我呢。"

释圆住持听了，只是淡淡一笑，说："老僧我虽然不懂丹青，但也颇爱收集一些名家精品。既然施主的画技不比那些名家逊色，那就烦请施主为老僧留下一幅墨宝吧。"说着，便吩咐一个小和尚拿了笔墨纸砚来。

释圆住持说："老僧的最大嗜好，就是爱品茗饮茶，尤其喜欢那些造型流畅的古朴茶具。施主可否为我画一个茶杯和一个茶壶？"

年轻人听了，用充满自信的口吻说："画这样的画对我来说也太容易了点。"

说罢就开始调了一砚浓墨，铺开宣纸，寥寥数笔，就画出一个倾斜的水壶和一个造型典雅的茶杯。那水壶的壶嘴正徐徐吐出一脉茶，注入到了茶杯中。画完，年轻人就问释圆住持："老住持，我已经画完了，您看这幅画您满意吗？"

释圆住持微微一笑，摇了摇头，说："你画得确实不错，只是把茶壶和茶杯放错位置了。应该是茶杯在上，茶壶在下呀。"

年轻人听了，笑道："您为何如此糊涂，哪有茶壶往茶杯里注水，而茶杯在上茶壶在下的道理？"

释圆住持听了，又微微一笑说："哦，原来你懂得这个道理啊！你渴望自己的杯子里能注入那些丹青高手的香茗，但你总把自己的杯子放得比那些茶壶还要高，香茗怎么能注入你的杯子里呢？"

尘世悟语 淡定与舍得的智慧

释圆住持的话看似不合理，但仔细分析就能看出来里面的深刻道理。江河之所以能纳百涧之水，就是因为身处低处。做人也应如此，只有将自己的身份放低，才能吸纳别人的智慧和经验。

越是文化修养高的人越是不显山露水，越是肚子里没有真才实学的人越是爱摆架子，这种人与人打交道总是有着一股唯我独高的气势。这两种人中一种是有实力而不显耀实力，是智者的处世方法，后一种是总爱摆架子，这种人是最招人厌恶和抛弃的。

西汉高祖刘邦驾崩以后，吕后总揽朝政，这期间南越王赵佗在岭南自治，不服朝廷管制。朝廷大臣普遍认为赵佗的兵力根本不值得他们放在眼里，只要朝廷一出兵赵佗必死无疑。于是群臣纷纷劝说吕后出兵攻打赵佗，收复南越。他们说："南越为蛮族之邦，其军队不过是一帮乌合之众。昔日高祖皇帝无心攻打他们，便实行了安抚政策。现在我国兵强马壮，物资丰厚，正是讨伐南越的大好时机！"吕后担心兵祸再起，没有同意立即发兵，然而在她心里面还是对南越王赵佗充满了鄙视。

长沙国和南越为邻，长沙王为了扩大势力，极力主张对南越用兵。长沙王见吕后不肯动武，于是建议禁止在南越边境上进行铁器交易，以遏制南越的发展。赵佗见朝廷政策有变，十分气恼，他便派军队攻陷了长沙国南部数县。吕后派兵反击，攻入南越国境内，平息了战争。

吕后去世后，汉文帝即位，在南越的问题上依然没有一个明确的态度。一位反战大臣对文帝说："我乃天朝大国，要打败小小的南越不在话下。可问题是，现在我军受不了南方的酷热潮湿，若打起仗来一定伤亡惨重。何况蛮族人生性野蛮，不好治理，我们胜了也会在南越的事情上大费精力，这样一来就得不偿失了。"

文帝觉得此番话说得很有道理，便问这位大臣的看法。这位大臣回答说："做事不能为了虚名而受实害，如果皇上不在意取胜的虚名，那么就可以不去战胜南越，改攻伐为安抚。南越一旦受了皇上的恩惠，一定会感恩自省，消除对我国的敌意，这样国家就安宁了。"

于是文帝撤出南越国的汉军，对赵佗好言安慰。赵佗双亲的墓地在真定，文帝就将真定赐给赵佗，并派人在此地守墓，按时祭祀。文帝又寻访赵佗的亲属，给他们礼遇优待，还亲封他们做了朝廷的高官。

一向对朝廷有抵触行为的赵佗知道了文帝的所作所为后，果然感动了，他从心里敬重文帝。于是，他上表文帝请和，说："从前我不明事理，冒犯天朝的神威，现在看来我是罪孽深重啊！"赵佗请求以藩属国的身份，入京进贡。从此南部边境平静下来。

吕后武力征伐也没有达到她想要的结果，而文帝只靠安抚就做到了让赵佗归顺汉朝。文帝的罢兵一方面减少了伤亡，一方面也让赵佗感受到了大国的仁义，他从心里真正臣服了。

"虚"并不代表自身弱，更不代表胆怯，而是利用一种明智的待人处世之道来处理自己的事情。老子曾经说过，"上善若水"，水比石头软，然而它却能凭着不断地滴水就能将石头击穿。人们倘若能够拥有这种虚怀若谷的心态，也同样能够克服众多困难，让人生和事业更上一层楼。

但是有相当一部分人总是抱着"会当凌绝顶，一览众山小"的骄傲态度，殊不知自己的渺小。所以，只有敢于正视自己，以一种自谦和矜持的态度去走脚下实实在在的路，你才能够真正攀上人生之巅峰。

不要爱慕虚荣

在当今社会，有的人一味追求物质财富，穿名牌才能满足自己的虚荣心，并且认为用得起那昂贵的名牌都在说明自己有能力。但是那种用假名牌和没钱也硬着头皮用名牌的人则是太过于爱慕虚荣了。虚荣就是把荣誉建立在不真实的基础上，爱慕虚荣的人就是把这种虚荣心建立在与自己不能匹配的能力之上的。当整个社会都在疯狂地追求使用名牌时，那么社会的大风气就变得扭曲了，尤其是对儿童的健康成长是极为不利的，严重的会酿成悲哀。现代社会出现这样的例子还是不少的。

有一个女孩家里的经济条件并不好，但是这个女孩子不仅没有为此发愤读书上进，反而变得不求上进。有一次，小女孩要求父母给她买一架钢琴，父母没有答应，她不能接受父母的决定而愤然离家出走。如果这个小女孩是真的喜欢音乐，在家庭经济条件允许的前提下，父母同意给她购买一架是可以的；如果她只是纯粹想买，而没有想如何最大化地使用这架钢琴，那她就没有必要去购买它。

我们要眼望高山，更要脚踏实地。明日的栋梁，一定要有真才实学，绝不能有半点虚假。只要我们摆正心态，树立信心，努力付出，何愁登不上知识高峰？

人生本来是苦的，苦的根源在于各种欲望和虚荣心。很多时候，虚荣心过强就成了贪病。钱多了还想再多，官做大还想更大，房子宽了还想更宽，出了名还想更出名……贪病犹如喝盐水，越喝越咸，越咸越要喝。当虚荣超越了人的理性，凌驾在生活的所有追

145

求之上时，就会成为阻断自我成长的根源。

走适合自己的路

天下最难得的是一个人能够了解自己，知道自己需要什么，应该怎么做才能适合自己的实际情况，而不是一味地随波逐流，人云亦云。

如果我们是一只鸡，我们就应该明白从土里刨食中寻找乐趣。如果我们终日羡慕苍鹰在天空翱翔，渴望有一天自己能够变成苍鹰，与苍鹰一样具备飞翔的能力，那么有这种幻想的人简直是与异想天开没什么两样。我们应该经常问一问自己：我的能力如何？我的目标是否切合实际？我的理想中哪些是通过努力能够达到的，哪些是永远都达不到而应该放弃的？

从前，有个老铁匠病重，临死前将两个儿子都叫到床前。快死了的老铁匠喘着粗气对他们说："我打了一辈子铁，现在即将离开人世了。我没有什么东西留给你们，只有两块我收藏已久的上等玄铁……"话还没说完，老铁匠就与世长辞了。两个儿子抱着父亲的尸体号啕大哭，兄弟俩发誓一定会用这两块上等的玄铁来造就一番事业，有一番作为。

在老铁匠的两个儿子中，老大膀大腰圆、身材魁梧、力大无比，秉性好动，喜欢耍弄刀枪；老二相反，他性格胆小，行事谨慎小心，身材瘦小孱弱，就喜欢钻研一些针头线脑的小玩意儿。

老铁匠死后不久，这两个儿子便按照自己的喜好和专长来做一番事业。他们都将父亲留下的玄铁利用上了。老大用属于他的那块打了一把亮堂堂的宝剑，他每天都带着宝剑到院子里面苦练。老二却将他自己的那块玄铁打造了几把锥子，出门摆摊给人缝缝补补，赚点小钱补贴家用。

哥哥见弟弟只是弄一些不起眼的小玩意儿，他认为弟弟这样做是在不思进取。于是，他对弟弟的做法很不满意，便对他说："玄铁本来就是打造宝剑的上等原料，而你却将它打造成了几把破锥子。你想想看，我今后可以利用这把宝剑建功立业，而你却只能用这几把破锥子维持生计，真是鼠目寸光呀。"弟弟听了，既没有生气也没有反驳，依然埋头做自己的针线活儿。

不久，异国入侵，战争爆发。老大背着宝剑毅然投军走上了战场。在千里边疆，老大仗着多年苦练得来的好武艺挥剑劈敌无数，立下了赫赫战功。

战争结束之后，老大得到了皇帝的赏识，加官晋爵，荣华富贵自不可言。

老二的妻子见了，便埋怨丈夫说："当初，你若将那块玄铁也铸成了宝剑，也不至于生活得像今天如此贫穷了！"可是老二却说："我天生就是做小本生意的命，你让我挺剑上战场，岂不是白白送死。"

然而好景不长，没过两年，朝中的一些奸臣看不惯一介武夫的老大身居高位，于是便向皇帝屡进谗言陷害于他。而此时的皇帝也觉得是到了"飞鸟尽，良弓藏"的时候了，犯不着为了一个武将而惹得众臣不悦，就这样找借口打发老大回老家去了。

回到家乡的老大，尽管有一身好剑法，可是英雄无用武之地，还得靠瘦小的弟弟用锥子替别人干活挣两个小钱来维持生活。这时他的心中很不是滋味，常常感叹："你的锥子还能做针线活儿，我这把剑能干什么呢？真是中看不中用，还不如一块废铁。"

其实我们很多人也免不了像这位哥哥一样，总认为自己应该成为一个非凡之人，要创造奇迹，看不起平凡的人生。然而，实践却告诉我们，大部分人根本不是那种一呼百应的英雄，而只是个平凡的人。

也正是这些不切实际的想法，使得我们失去了许多应该享受的乐趣。一种生活，只要适合自己，只要有自己喜欢的内容，就是最好的生活，何必踏破铁鞋去寻找那些离你十万八千里和遥不可及的目标呢？

有这样一则小故事，说的是三个人同喝一眼泉水，其中一个人用金杯盛着喝；另一个人用泥碗盛着喝；第三个人用手捧着喝。用金杯之人觉得自己高贵，用泥碗之人觉得自己贫贱，而那个用手捧水喝的人痛痛快快说了一句："好甜的水啊！"

人们之所以觉得生活得不愉快，很大程度上是因为他们错误地看高或者看低了自己。我们不与任何人比高低、比贵贱。我们就是我们，我们每个人都是这个世界上的唯一。别人有别人的生活方式，我们有我们的生活方式。如果硬要"大脚穿小鞋"或者"小脚穿大鞋"，那只能是自讨苦吃、自找没趣。

人们常说："只买对的，不买贵的！"我们做人做事也应如此，只有做适合我们的事，走适合我们的路，我们才能找到乐趣，找到成功。

人生的路千条万条，无论你怎么走都可以，但是适合自己的路只有一条。经历了人生的崎岖坎坷，最终明白，条条道路通罗马，但最快捷的途径只有一种，找到了它，就要义无反顾地走下去，不要犹豫徘徊，相信总会有一天抵达胜利的彼岸。

勤劳造就辉煌的生命

唐代著名的百丈怀海禅师自从继承开创丛林的马祖道一禅师以后，立下了一套系统非常完善的丛林规矩，即百丈清规，后人叫作"马祖创丛林，百丈立清规"。百丈怀海禅师倡导"一日不劳，一日不食"的农禅生活。在这个过程中，他也曾经遇到许多困难，因为佛教一向以戒规范生活，而百丈怀海禅师改进制度，以农禅为生活，甚至有人批评他不懂得佛家思想。因他所住持的丛林在百丈山的山顶，故又号百丈禅师。他每日除了领众僧修行外，必定亲执劳役，干农活极认真，对生活中的自食其力非常注重，无论是生活琐事还是农耕琐事都要亲自动手干。

就这样他年复一年地辛勤劳动着。渐渐地，百丈禅师的头发花白了。花白的头发并没有阻止百丈禅师对农耕的激情，他仍旧每日随众僧上山担柴、下田种地。农禅生活就是彻底的自耕自食的生活，凡事都是亲自去做，这也免不了会很辛苦。他的弟子们对他的感情很深，看着年迈的师父每天拿着锄头到山上劳作，真是于心不忍。因此，弟子们恳请他老人家不要随众出坡，但是要强的百丈禅师是如何也不会听从弟子们的劝告的。于是，他以坚决的口吻说道："我无德劳人，人生在世，若不亲自劳动，岂不成废人？"

弟子们明白阻止不了百丈禅师干农活的决心，就只好将他用的扁担、锄头等农具藏起来，让他找不到。

百丈禅师到处都在找自己的农具，连个影子都没有见着。无奈之下，他只好使出绝食的行为来进行抗议。弟子们见状，焦急地问他为何茶饭不思？百丈禅师道："既然没有工作，哪能吃饭？"

弟子们没办法，只好将工具还给他，让他随众生活。百丈禅师这种"一日不劳，一日不食"的精神，也就成为丛林千古的楷模！

勤为无价之宝，有益而辛勤的劳动总是人们安身立命的基础。韩愈说："业精于勤而荒于嬉。"一切术业的专精与实业的成就都在于勤奋地付出和努力。名誉和光荣所构成的因素，就是辛劳所结的果实。

人性的偏失，最需注意防范的就是逸乐。

"户枢不蠹，流水不腐，以其劳动不息也。"因为水不流动的缘故，遂生腐败的细菌。逸乐并不是一件好事，逸乐惯了的人，越逸乐越觉不足，致使机能皆废，无事可做。人世间就因怠惰而令人毁心销骨，一切恶事皆由此生。

一个人的怠惰往往源于精神上的怠惰，因为这样的人总是幻想生活的美好，总想只要自己定下高目标就能遇上那样的好人好事，所以自己不用辛苦地做事。这种人从小到大都是只抓机遇，他们也许的确机遇很好，总是遇到好人好事。但是由于他们已经养成了只要现成的习惯，即使他们已有了好机遇，但是他们已经失去了精神和身体上的勤劳，这种怠惰时时都在腐蚀着他们。

勤劳精神在个人生存和发展中起着决定性作用。古人云："一生之计在于勤。"早在《易经》中就有这样的言论："君子终日乾乾，夕惕若厉，无咎。"即君子白天勤劳不倦，自强不息，晚上小心谨慎，即使陷入危险境地，也可化险为夷。

如果一个人能对自己的工作与职位勤勉不怠，不粗心大意，不放纵，对于事情又能妥善办理，对于安身立命及生活职业亦安排得适当合理，那么资财对于他来说，未得者可得，既得者则能永远妥为保存，不致散失。

中国历代对勤勉敬业褒扬有加。周文王的祖父留给周文王的训条是：敬胜怠者吉，怠胜敬者灭。敬重地对待自己的工作，克服怠惰懒散的习惯就会得吉；让怠惰的心理占上风就要遭灭亡。孔子的先祖正考父是这样对待职务晋升的："一命而偻，二命而伛，三命而俯。"偻、伛、俯是表示脊背弯曲程度的字。俯已是面朝黄土背朝天了。官当得越大，他的腰弯得越厉害，危机感越重。三命是上卿之职。就凭孔子先人的这种敬业精神，鲁国大夫孟釐子认为"圣人之后，必有达者"。他临死时把儿子叫到身边，对儿子说："我死后你要把孔子当老师，跟他学习。"汉武帝有一次问80多岁的申公如何治理国家，申公说："为治者不在多言，顾力行如何耳。"就看你身体力行得怎样。"德"这个字比较抽象，难以把握。古人提出"力行近乎德"。任何事情你只要力行就接近于有"德"了。南宋将领郦琼兵败投降了金国，之后，继续带兵打仗，对两国将帅的作风深有体会：金军打仗，元帅、王爷都临阵督战，矢石交加战斗白热化时脱去盔甲指挥，各级将校意气自如，下面士兵没人敢怕死；南宋将帅出兵，身居数百里外，军令派侍从传递，而且这个军令也是参谋助手的主意，不是将帅自己深思熟虑的决定。郦琼认为金国军队所向无敌，而南宋军队像惊弓之鸟，听到金军拨拨弓弦发出点声响就败散而逃也是必然的。

《诗经·小雅》教导后人："密尔从事，不敢告劳。无罪无辜，谗口嚣嚣。"把你的事情做得密实些，不要说什么功劳苦劳。即使你无罪无错，还会有人到处说你不好。所以古贤勤是小事，却可以免大患。勤勉敬业的楷模是诸葛亮，人们用"鞠躬尽瘁，死而后已"来形容他。这是诸葛亮《后出师表》里的句子，也是他出师前向后主刘禅表明心迹的话。他本身也是如此实践的，53岁时就过劳

151

死了。如果他活到 73 岁，中国的这一段历史也许就要改写了。他留下的"军井未汲，将不言渴；军幕未施，将不言困；军火未燃，将不言寒；军食未熟，将不言饥"，是他带兵的沥血之言。诸葛亮的勤勉实在令人叹为观止。

勤勉是一个人安身立命的支柱，是修德的基本要求，同时也是在人生历程中不断前进的资本。勤劳一日，可得一夜安眠；勤劳一生，可得幸福长眠。生命的旅程就是一次远航，以勤做桨，生命的大船才能驶向远方，驶向彼岸，人生也就会更有意义。

泰勒说过：懒惰等于将一个人活埋。的确如此，只要人一懒惰，各种各样的问题都会生出来。有人懒得连吃饭都不会动手，只能活活饿死。有人懒得连路都不想走，结果只能被山体滑坡落下的石头砸死。有人懒得连气都不想出，结果只能窒息死亡……这一切都是懒惰惹的祸！

把握好每一分钟

一个小孩来到一座著名的古刹，想当和尚。之后，老方丈就安排他担任撞钟之职。这个小和尚自认为早晚各撞一次钟，这么简单又重复的事情，谁都能做。并且钟声只是寺院的作息时间，没有什么重大的意义。就这样，敲了几个月的钟觉得无聊至极，他说道："唉，做一天和尚，撞一天钟吧。"

突然，有一天，老方丈宣布调他到后院劈柴挑水，原因是他不能胜任撞钟之职。

小和尚听了很不服气，心想：我撞的钟难道不准时、不响亮？

老方丈能看出小和尚的脸上露出不满的神色，于是就解释道：

"你的钟撞得很响亮，但是钟声空泛、疲软，没什么力量。因为你心中根本没有'撞钟'这项看似简单而又重复的工作所代表的深刻意义。钟声不仅仅是寺院里作息的准绳，更为重要的是要唤醒沉迷的众生。为此，钟声不仅要洪亮，还要圆润、浑厚、深沉、悠远。心中无钟，即是无佛。不虔诚，不敬业，怎能担当神圣的撞钟工作呢？"接受教训的小和尚听后，嘴巴犹如被堵住了一样，无话说出，只是低眉顺耳地傻站着。

时间对于每个人而言都是短暂的，我们应该对此有清醒的认识，不能像小和尚一样做一天和尚撞一天钟。

宋神宗时，宗本禅师应召住持洛阳慧林寺，并多次进宫给皇帝说法，备受礼遇。到了晚年，他以老乞归。他离开洛阳城的时候，前来送行的王公贵人车马相接，他们都给了宗本禅师很多的金子。宗本禅师心里很感激他们的厚礼，但是都一一谢绝了。临分别时，宗本禅师谆谆告诫他们："岁月不可把玩，衰老、疾病随时都有可能来临。只有勤于修习，不可懈怠才能过上幸福的一生。"

的确，人的一生是短暂的。从古至今，上至帝王下至平凡人，很多人都为了成仙成佛而吃仙丹，终究还是死了。生老病死是每个人都不可避免的，我们只能靠人类的勤劳来充实和延长庄稼的生命，而不能不劳而获。

在时间面前，每个人的机会都是平等的。时间不会因你地位高、权力大、富有而多给你一分一秒；也不因你位卑、势小、贫困而少给你一分一秒，关键是你如何去把握它。鲁迅先生说过，浪费别人的时间等于谋财害命，浪费自己的时间等于慢性自杀。伟大的文学家高尔基也曾说："世界上最快而又最慢，最长而又最短，最平凡而又最珍贵，最容易被忽视而又最令人后悔的就是时间。"我们要珍惜时间老人赐给我们的每一天，努力工作，让每一天都过得充实而又快乐，既不浪费自己的时间，也不浪费他人的时间。

一个人在年幼时总觉得时间是取之不尽，用之不竭的。如果你现在蹉跎岁月，等将来某一天你意识到时间的宝贵时，可能就太晚了。财富是有形的东西，我们在消耗它时还能引起警觉；而时间是无形的东西，你稍一放纵自己，它就会溜走，而且根本不会引起你的注意。

颇具盛名的英国财务大臣劳伦斯曾说过："为一便士而笑的人，就会为一便士而哭。"这句话同样适用于时间，即为一分钟而笑的人，就会为一分钟而哭。一秒、两秒的时间虽然极为短促，但你也不可轻视它。如果你不珍惜这看似微不足道的短暂时光，那么一天之中的无数个小时也将被浪费掉，一年下来，你浪费的时间将无法估量。

在对待时间的问题上，还有一点值得一提：你不要把"空闲时间"和"空白时间"混为一谈。例如，你要在两点钟去见一个朋友，但你在一点钟离开家门，准备顺道赶在两点钟之前去拜访另一位朋友。不巧的是，那位朋友不在家。这时，你该如何安排两点钟之前的这段时间呢？是在街上漫无目的地闲逛，还是在咖啡馆里坐一会儿？如果你是一个会利用时间的人，绝不会让这段时间荒废掉。你会立刻赶回家，利用这段短暂的时间给朋友写封回信，或是做些其他有意义的事。其实，最明智的办法就是，你应在离开家门的时候随身带上一些简短、有趣、知识性的短文，以供在空闲时间里阅读。

每个人做事的方法都不一样，当然在充分利用时间上也会有好多方法。无论如何，你应该明白，与其呆呆地不知该去做什么，不如效仿一下别人，有效地去分配时间。

如果一个人习惯性地连片刻的时间都能有效利用，那么他也能把握住更多的时间。不要认为片刻的时间很短促，浪费掉了也不是什么大事。如果你总抱着这种消极的态度，那么事后想时光倒流都不可能了。

虽然一分钟很短，但只要我们把握好每一个一分钟，我们的一生就会变得很精彩！把握好生命的每一分钟，也就把握住了人生的源泉。把握好生命的每一分钟，也就把握住了宝贵的知识。把握好生命的每一分钟，也就把握住了人生的时间。把握好生命的每一分钟，也就把握住了知识的资源。

莫要拖延

一位禅师训诫他的弟子们，说："我们必须引起足够的重视，莫要虚度光阴，各地游览，横担挂杖，几千里几千里不停地游。南边过冬，北边度夏。游山玩水随你心意，多斋供，又易得衣粮。苦恼委屈呀！苦恼委屈呀！受人一斗米，却丧失了半年粮，如此行脚还有什么意义呢？诚心的施主一把菜一粒米，如何能消受呢？除了要自己努力外，是没有人可以替代的。时光不等人，有朝一日老之将至，还有什么办法能抵挡？莫要像一个落入汤锅里的螃蟹手脚忙乱，连个说话的机会都没有。切莫等闲，虚度光阴。一旦失去了人身，将万劫不复。这是大事，不能只顾眼前。为了以后能修成正果，你必须立即着手做你该做的事情。"

这位禅师的话看似平凡，但是我们平凡人要做到实在不易。在现实生活中，有的人凡事能拖就拖，白白让大好的光阴从指间溜走。拖延是一种不良的习惯，拖延可以把一个人拖垮，不管你有任何憧憬、理想和计划，都会在拖延中落空。把今天的事情拖到明天去做，所耗去的时间和精力要比今天就做大得多。立即行动，便会使人感到做事情的轻松和快乐；拖延最终使人感到艰辛而痛苦。避免拖延的唯一方法，就是随时主动地行动。我们在做某项重要决定时，可能是困难和痛苦的，但正确的决定一经作出，就要立即行动，决不拖延。

长期以来，有一位老农的一亩农田里，一直横亘着一块巨石，老农对这块巨石视而不见。这块巨石碰断了老农的好几把犁头以及其他的好多农具。老农对此束手无策，巨石成了他种田时挥之不去的心病。

一天，老农又换了一把新的犁头去犁地。跟以前一样，新的犁头刚一下地就被巨石击破了，老农心疼不已。这下老农终于横下心来决定除去这块巨石。于是，他找来撬棍挨着巨石的边沿使劲地扎进土里去，用力一撬，这块巨石动了一下。这时老农弯下腰来仔细地观察，却惊讶地发现，石头埋在地里并没有他想象的那么深，只要他稍微一使劲就可以把石头撬起来，再用锤打碎，便可清出地里。老农的脑海里此时闪过多年被巨石困扰的情景，再想到本可以更早些把这桩头疼事处理掉，此时，他禁不住苦笑了。

从这个寓言故事中，我们不难领悟出这样的道理：遇到问题应立即弄清根源，有问题更须立即处理，决不可拖延。如果一再拖延，造成的损失就会日益增大。

事实上，我们每个人都或多或少地存在着拖延的不良习惯。我们常常会因为拖延时间而懊恼不已，然而下一次又会惯性地拖延下去。这种现象，我们几乎常常遇见，以至于不以为然，以为它就是人的一种不可改变的本性。

拖延时间，看似是人的一种本性，实质是在工作和生活中养成的一种极其有害的恶习。几乎人人都希望在工作和生活中消除因拖延而产生的各种问题，但是，不少人却没有将自己的愿望付诸行动，不知道自己所推迟的许多事情其实都是自己可以尽早完成的。我们不能够把自己拖延时间的这一毛病归咎于外界因素，因为拖延时间的人是我们自己，由此受害的也是我们自己。

只有那些懂得如何利用"今天"的人，才会在"今天"创造成功事业的奠基石，孕育明天的希望。

有位专家在经过多年研究后得出结论："世上有93％的人都因拖延的陋习而一事无成，拖延还能杀伤人的积极性。"

当一个生动而强烈的意念突然闪耀在一个作家的脑海里，他就会生出一种不可遏制的冲动，要把那种意念立即落实到纸上。但是，如果当意念来临，他没有将它记录下来，而是一拖再拖，那么脑海里的意念就会变得模糊不清，最后完全消逝了。灵感往往转瞬即逝，所以应该趁热打铁，立即行动，及时抓住。

愚痴的人、懒惰的人，该做什么事情了都要拖延一下。今天可以完成的任务，非要拖到明天，有的还要拖延到后天。这样，他的工作效率一定就会降低。

拖延不可以救人一时，而是害人一世，选择了拖延就等于选择了倒退，选择了平庸。

"盛年不再来，今日难再晨，及时当勉励，岁月不待人。"时间对每个人来说都是平等的，只有我们做事的态度和方法是有别的。所以，我们只有抓住时间，充分利用时间，提高办事效率，任何情况下都不要拖延，才会达到我们想要的目标。

重要的是实践

人活着总会有各种各样的追求和理想。追求和理想并不是空想，更重要的是需要你去实践，用实际行动来证明你的追求和理想。

有人认为："理论是基础，实践是建立在理论这块奠基石上的艺术品。"也有人认为："实践是人类生存的一副骨架，而理论只不过是骨架上的血肉。"《华严经·菩萨问明品》里说，比如，有人被大水漂流，因害怕淹溺不饮水而渴死；同样，对于佛法如果不亲自修行，就算懂得再多也是如此。

历史上出现过多少石破天惊、千古流芳的诗人；出现过多少战功赫赫、名垂青史的军事家；出现过多少为民造福、硕果累累的科学巨匠。然而他们不是只有理想就能成功的，而是有了理想后的实践。

有一位哲学家问船夫："你懂数学吗？"

"不懂。"船夫说。

"你的生命的价值失去了三分之一。"哲学家说。

"你懂哲学吗？"

"更不懂。"

哲学家感慨道："那你的生命价值就失去了一半！"

一个巨浪把船打翻，哲学家掉在河里。

船夫问："你会游泳吗？"

"不会，不会！"

船夫说："那你的生命价值就失去了全部！"

有人认为哲学家的人生价值比船夫的大，原因是哲学家懂的理论比船夫多。这个观点不见得就是正确的。

荀子说："不闻不若闻之，闻之不若见之，见之不若知之，知之不若行之，学至于行而止矣。行之，明也。"这段话隐喻了知与行的关系，包含了荀子对实践概念的理解，具有合理的思想。

如果没有李时珍历尽千辛万苦，跋山涉水，尝遍百草，没有他数十年如一日的搜集整理，笔耕不辍，就没有药学巨著《本草纲目》的问世。如果没有司马迁的考察风俗，采集传说，没有他的忍辱负重，发愤著书，就没有历史巨著《史记》的诞生。如果没有居里夫人夜以继日的潜心钻研，没有她含辛茹苦的反复试验，就没有化学新元素"镭"的发现。

赵括喜欢纸上谈兵，然而临阵时却溃不成军。谁都知道一些灭火的基本常识，但亲临火灾现场时又有几个人拥有稳定的心理素质而临危不乱、处变不惊呢？可见，要把理论的价值充分发挥出来，实践是最重要的催化剂。

要真正懂得"粒粒皆辛苦"的道理，就要参加农业生产实践；要掌握游泳的本领，就要敢于"中流击水"；要提出切实可行的改革方案，就必须反复进行实践。认识是在变革的实践中产生的。

纽可门发明了抽水式汽轮机；瓦特在纽可门的研究基础上发明了蒸汽机；狄塞尔又在瓦特发明蒸汽机的基础上研制出了内燃柴油机。他们都是在借鉴前人的基础上，开阔思维，在实践过程中不断拓展，为人类打开了一道道科学大门。

"纸上得来终觉浅，绝知此事要躬行"；"不入虎穴，焉得虎子"；"一分辛苦一分才"；"不经历风雨，哪能见彩虹"……都道出了实践的重要性。

真理位于一口水井的底部，要亲身去实践、去追求，才能品尝到甘甜可口的滋味。

一个北方人生活在长白山下，吉林；另一个南方人生活在黄山附近，安徽。两地相距5000里，有一个偶然的长途旅行机会，他们在车上相遇了。

南方人和北方人都是穷困潦倒的，也都仇视目前的生活。为此，他们决定外出谋生，一个向北走，另一个向南走，就在山海关的一辆车上相遇了，两人聊得情投意合。

两个人都不想让对方知道自己的现状，因为生怕人歧视自己。于是，吉林人对安徽人说："我们长白山富裕得很哪，别说关东三宝，就是细辛、五味子之类的药材，漫山遍野都是，足够养活那一方黎民百姓。"

安徽人也不甘受贬："我们黄山——五岳归来不看山，黄山归来不看岳——别说风景了，单是灵芝、黄山茶，只要盯上了，吃穿不尽。"

说者无心，听者有意。

南方人乘车到了北方。一下车看到的是长白山果真与吉林人的描述相符合，真是名不虚传。单是那细辛，在南方上哪儿找去！在南方，要赚钱，得去当挑夫，步步上坎，压死了！晒死了！看人家，这儿凉丝丝的，多带劲！

北方人乘车到了南方。果然，黄山好。在长白山钻老林子，受够那苦了。这儿不冷不热，风景宜人。再一看，果然有灵芝、有茶，心里一热，决定在此地发展。

南方人在长白山突发奇想，竟将细辛栽培成功了。大面积发展，大面积成功，不久便成为细辛栽培大户，一跺脚，方圆几十里颤颤巍巍，神气得很！

北方人在黄山种灵芝，一切都是那么顺利，真见了回头钱，又贩茶，更有赚头，贱价收入，再运到北方，加上灵芝收入，几年间腰缠数万。

北方人与南方人又遇见了。一个想：名不虚传，果真是黄山富庶，幸亏他透露给我信息。那一次见面，千金难买。另一个想：眼见为实，到底不愧长白山宝地，若不是他告诉我真情，我不得在南方饿死？那一次见面，千载难逢。

每个人都有无数的想法，但是令人遗憾的是，我们大部分人却很少把想法付诸实践到底。头脑中的想法总是很美好的，有的甚至完美无缺，但是任凭想法再怎么完美，没有了行动的证明，也只是空想而已。我们不能光想不做，有了想法就赶快付诸实践。只有亲自去做一些事情，才会了解自己的想法与现实的差距，才会了解事情可行不可行，才会了解这件事情的难易程度，才会知道自己的潜能有多大……

有一句话说得好，那就是"实践是思想的巨人，思想是行动的矮子"。

要做实干家而不是空谈家

"修行"、"悟道"最根本的是在于一个"修"字和一个"悟"字，倘若整天只是嘴上念经，而没有往脑子里去，这样的"悟"实在是毫无意义。因此，《坛经》上才有"口念心不行，如幻如化，如露如电。口念心行，则心口相应"的论断。

"心口相应"说的就是不能只是嘴上勤快而行动上迟钝，手跟不上嘴，这样也只能被认为"口不对心"，说大话罢了！

如果我们能够踏踏实实地将嘴上的诺言实现一半的话，远比我们再许下一千个、一万个诺言更加有用得多。因为只要我们行动起来，生活才能朝着我们设想的方向推进。

道林禅师很小的时候就出家了，证道之后居住在一棵大松树上面，于是，人们就称他为"鸟巢禅师"。喜鹊在他旁边筑巢生活，两者自然和谐地相处，因此也有人叫他"鹊巢和尚"。

当时正值白居易在杭州任太守，听说鸟巢禅师的名气很大，就去拜会他。当他看见鸟巢禅师住在高高的大树上时，就朝他一喊："鸟巢禅师，您住的地方太危险了，赶快下来吧。"

鸟巢禅师依然在树上稳坐如山："太守，您的位置比我的危险多了。"

白居易听后不以为然："我坐镇江山，既有政权又有兵权，哪里会有什么危险？"

"身处官场之中，日夜钩心斗角，烦恼和欲望就像烈火遇到干柴一样无法停息，难道这不是最危险的事情吗？"

"那么请问禅师我应该怎么做才没有危险呢？"

"诸恶莫做，众善奉行。"鸟巢禅师的答案似乎很简单：坏事情不要做，好事情尽量做。

白居易对这个解答并不感到满意："这是 3 岁孩子都知道的呀！"意思是鸟巢禅师的说教未免太小看这位太守了。

"是的，这些话 3 岁孩子都知道。不过，恐怕 90 岁的耄耋老人都做不到呢！"鸟巢禅师毫不客气地说。

白居易无言以对，只好作礼告辞。

俗语说："说一丈，不如行得一尺。"如果想当然认为所讲的就能够做到，那样反倒不会有改进的可能。空想会想出很多绝妙的主意，却办不成任何事情。人们都知道，行动了但不一定带来成功，但是不行动则绝对不能成功。成功自然有一定的路，仅动嘴皮子、放空话，犹如一直站在起点上不迈步一般，是永远都不可能将路程缩短的。

在《为学》这篇文章中，讲述了这样一个故事：

有两个和尚，其中一个穷，另外一个富。

有一天，穷和尚对富和尚说："我想到南海去看看。"

富和尚说："你凭借什么去呀？你什么都没有。"

穷和尚说："我只要一个水瓶、一个饭钵就足够了。"

富和尚说："多年来我一直想租条船沿江而下，直至现在还没有做到呢！你还是放弃这个念头吧！"

第二年，穷和尚从南海回来了，把在南海的见闻告诉了富和尚。富和尚深感惭愧。

成功，始于心动，成于行动。每个人都拥有两种最基本的能力：思维能力和行动能力。没能达到自己的目标，往往不是因为我们没有想到那儿，而是因为缺乏行动能力。拿破仑也曾说过："想得好是聪明，计划得好更聪明，做得好最聪明又最好。"

好的想法不计其数，我们可以从书本上学来，也可以从别人那里学来，但是要把这些想法和点子变成实践的话，那只能是自己去做了。别人可以告诉你怎么做，要想得到结果就要自己亲自去做，实践的过程没有任何人能够代替你。

英国有一位教父在他生命垂危之际，决定为自己的墓碑上留下一些文字，但是他思前想后都无从下手。最后他还是从自己的心愿着手了。于是，他让人记录了这么一段话："我年轻时意气风发，当时曾梦想着改变世界。但当我年龄渐长阅历增加后，才渐渐发觉自己无力改变世界，于是缩小了范围，决定先改变自己的国家，但目标似乎还是不可能实现。步入中年后，无奈之余我试图改变我最亲密家人的生活状况。但天不遂人愿，他们还和以往一样地生活。现在我终于悟出了一件事：我不缺乏改造世界、国家、家人的能力，仅仅缺乏的是付出行动的实践而已。"

可惜，这位教父已经没有时间再完成自己的心愿了。

你是否有许多的空想无法付诸实践？你是否总觉得自己的才能未能兑现？你是否羡慕着那些你曾经想要成为的名家？如果你真正想要成为什么或是实现什么，最好的途径就是扎扎实实去做，朝着你的方向，采取切实行动。社会需要实干家，实践出真知，空谈无用。

专心致志地做好每一件事

要做的事，一定要认真专心地做，不要一面做这事，一面又去做别样事；不要做这事未完，又去做另一件事；亦不要今天做，明天不做。决定要做就认真地做，一直做到成功。

春秋时期，楚国有个大司马一生都很喜欢铸剑，一位专为他铸剑的工匠尽管已 90 岁高龄了，但打出的剑依然锋利无比，光芒四射。

"您老人家年事已高，剑仍旧造得这么好，是不是有什么诀窍啊？"大司马赞叹老匠人高超的技艺。老工匠听了主人的夸奖，心中有些不自在，他告诉大司马说："我年轻时就喜欢铸剑，铸了一辈子剑。除了剑，我对其他东西一概不感兴趣。如果不是剑，我从不会去细看它，那段时光一晃就过了 60 余年。"

大司马听了老工匠的自白，更是钦佩他的精神。虽然他没有谈铸剑的窍门，但他揭示了一条通向成功的道理：他专注于铸剑技艺，几十年如一日，专一的追求使他掌握了铸剑工艺，进而达到一种高超的境界。有了这样的精神，铸出的剑一定是世界上最好的宝剑！

世上无难事，只怕有心人。精湛的技艺，丰硕的收获，事业的成功，都是靠专心致志、终生追求而取得的。

有位钓鱼高手名叫詹何，他的钓鱼技术与众不同：钓鱼线是一根蚕丝绳，钓鱼钩是用细针弯曲而成，钓鱼竿则是楚地出产的一种细竹，钓饵是用剖成两半的小米粒做成的。用不了多少时间，詹何便可从湍急的百丈深渊中钓到一大车的鱼！而他的钓具呢，钓鱼线没有断，钓鱼钩也没有直，甚至连钓鱼竿也没有弯！

楚王听说了他的高超钓技，十分称奇，便将他召进宫来，询问垂钓的诀窍。詹何答道："从前楚国有个射鸟能手，名叫蒲且子。他用拉力很小的弱弓，将系着细绳的箭矢顺着风势射出去，一箭就能射中两只正在高空翱翔的黄鹂鸟。这是由于他用心专一，用力均匀的结果。于是，我就借用他的这个办法来钓鱼，花了几年时间，终于完全掌握了这门技术。每当我持竿钓鱼时，总是全身心地专注钓鱼，其他什么都不想。我抛出钓鱼线、沉下钓鱼钩时，做到手上的力度均匀，丝毫不受外界环境的干扰。这样，鱼儿见到我鱼钩上的钓饵，便以为是水中的沉渣和泡沫，于是毫不犹豫地吞食下去，我就这样轻而易举地让鱼儿上钩了。"

这个故事告诉我们，无论做什么事情，都需要专心致志，心无旁骛。一心一意才能发挥人最大的潜力。

梓庆是古代的一位木匠，他擅长砍削木头制造一种乐器，那时人们称这种乐器为鐻。他做的鐻，水平非常高，看到的人都惊叹不已，认为是鬼斧神工。

鲁国的君王闻听此事后，召见他便问道："你是用什么方法制成鐻的？"梓庆回答说："我是个工匠，谈不上什么技法。我在做鐻时，从来不分心，而且实行斋戒，洁身自好，摒除杂念。斋戒到第3天，不敢想到庆功、封官、俸禄；第5天，不把别人对自己的非议、褒贬放在心上；第7天，我已经进入了忘我的境界。此时，心中早已不存在晋见君主的奢望，给朝廷制鐻，既不希求赏赐，也不惧怕惩罚。"

梓庆在把外界的干扰全部排除之后，进入山林中，观察树木的质地，精心选取自然形态合乎制鐻的材料，直至一个完整的鐻已经成竹在胸，这个时候才开始动手加工制作。"以上的方法就是用我的天性和木材的天性相结合，我的鐻制成后之所以能被人誉为鬼斧神工，大概就是这个缘故。"

是的，要想成就任何事情，都必须专一、忘我，摒除名、利、情的杂念及羁绊，在精神专注、做而不求的情况下，才能完善每项巧夺天工的艺术品，或把一件事情做成功。

古时封建官吏被百姓尊称为封人。春秋时期鲁国有个封疆官吏，出任长梧的地方官。一日，他碰到孔子的学生子牢。三句话不离本行，他与子牢探讨治理地方、管理长梧的方法。

封人和子牢谈得很投机。他讲到自己的治理经验，认为处理政务绝不能鲁莽，管理百姓更不可简单粗暴。

从治理之道又谈到种田之道。封人说自己曾种过庄稼。那时，耕地马马虎虎，无所用心，果实结出来稀稀拉拉；锄草粗心大意，锄断了苗根和枝叶，一年干下来，到了收获季节收成无几。

听了封人的讲叙后，子牢很关心地打听他以后的状况。封人吃一堑长一智，总结自己种田的教训，第二年便改变了粗枝大叶的态度。他告诉子牢，从此开始精耕细作，认真除草，细心护理庄稼，想不到当年获得好收成，一年下来丰衣足食。

有了种田的失败和成功，封人悟出一条道理，做任何事都贵在认真。现在他出任地方官，便守住这条做人的准则。子牢常常拿封人的事教育他人。一分耕耘，一分收获。种庄稼是这样，干其他任何事都是这样。只有认真负责，通过艰苦细致的劳动才能达到理想的效果。认真是做好任何事情的保证和前提。

我们可以怀抱美好的梦幻、伟大的理想，但饭要一口一口地吃，事要一步一步地做，要实现伟大的理想，首先就要脚踏实地、认认真真、专心致志地做好一件事。而不是处处挖井，三天打鱼，两天晒网，一无所获。

凡事要一步一个脚印

古语说"欲速则不达"。要想把事情做得完满，就不能心急，心急了，注意力就会分散，做事的效果就会大打折扣。现代社会生活节奏加快，有些人的心情也开始变得浮躁，做事也或多或少只追求结果而不注重过程。没有过程哪来的结果？过程如何就意味着结果如何。

有个旅行者因为时间紧，急着赶路，就一边吃东西一边走，不小心脚下一滑，摔了个跟头，半天也没爬起来。有人路过看见了，就问他："你为什么非要边吃边走呢？"

167

旅行者说："因为我急着回家。"

"可你这么一摔跤，想赶早是不可能了，只会更晚。"那个人对他说。

事情就是这样，好像总是在和你作对，你越急于求成，结果就越发缓慢。有人就是愿意一口吃个胖子，想在有限的时间里，同时完成几件事。但毕竟条件有限，这么做恐怕不能如愿。

本科毕业后，聪明漂亮的吴媛决心在北京扎根并做出一番事业来。她的专业是服装设计，本来毕业时是和一家著名的服装企业签了工作意向的，但由于那家企业在外地，吴媛经过考虑没有去。如果去了，吴媛就会受到系统的专业学习和锻炼，并将一直沿着服装设计的路子走下去。可是一想到几十年都在一个不变的环境里工作，可能会永远没有出头之日，这点让吴媛彻底断绝了去那里的念头。她在北京找了几家做服装的公司，可大公司不愿意要没有经验的学生，小公司的条件又让吴媛看不上。无奈她只有转行，到一家贸易公司做市场营销。

一段时间以后，由于工作业绩总是不理想，吴媛感到身心疲惫，对工作产生了厌倦。心气很高的她认为还是自己干更好，于是联系了几个同学一起做服装生意。本以为自己是科班出身，做服装生意有优势，可是服装销售和服装设计毕竟不是一回事，不到半年，生意亏本不说，同学间也因为利益不均闹得不欢而散。

无奈，吴媛只好再找地方打工，挣了钱用于还债。由于对工作环境的不满意，吴媛又换过几个地方，几年下来，她感到几乎找不到自己前进的方向了。专业知识已经忘得差不多了，由于没有服装设计的实践经验，再想做已经很难。其他经历倒是很丰富，跨了几个行业，可是没有一段经历能称得上成功……现实的残酷使吴媛陷入很尴尬的境地，这是她当初无论如何也没有想到的。

像吴媛这样不满足于现状的人总是希望命运能青睐自己，给予自己更多的赏赐。他们怀有"分金恨不得玉、封公怨不授侯"的心理，往往对未知的事物存在很多幻想，对已经历环境的不足则盲目夸大，不想去适应环境，而是尽量选择逃避。他们一方面对适应环境缺乏足够的自信，另一方面却坚信自己能找到比现在的环境更优越的地方。

以幻想为主导的思想是行不通的。许多朋友在陷入这种心理状态后，经常会被美好的前景所诱惑，就像只看到对面山上青草绿地的小牛，而忽视了脚下的这片青草。有时候他们也经过一番思想斗争，但最终是以美好幻想的破灭而告终。

赵丽是一家公司的总裁秘书，她在这家公司已经整整干了5年。5年里，总裁换了2个，而赵丽却始终是历任总裁信任的秘书，这在任何公司都是不多见的。赵丽并非相貌出众、个性张扬的人，但她作风严谨，工作很少夹杂个人好恶，再加上积极能干，熟悉公司业务，能给予总裁极大的工作帮助，因而成为每位总裁的得力助手。许多人认为这个整天默默无闻地工作的小女子肯定有别人不知道的职场"秘籍"，赵丽却淡淡地说："在其位，谋其事，我只是去尽力做好一个秘书的工作罢了，没有任何秘密可言。"最后，赵丽以一名资深优秀员工的身份就任公司人力资源部经理，走进了公司决策层，她的前途被公司高层一致看好。

吴媛与赵丽的结果截然相反，一个总是想一步登天，另一个是在比较艰难的环境里一心一意地向前走。她们不同的职业观对自己的前途造成的影响是不可否认的。好高骛远、浮躁的结果只会是离目标越来越远。就像一则寓言中所说的：一头牛总是想着山上的青草，不想吃脚下的草，结果却饿死了。

我们漫步在人生的旅途中，会看到许多山峰，但我们不可能得到所有美好的东西。一个人要学会循序渐进，不要幻想一步登天。充满幻想有时候会成为一种动力，有时候也会成为一个陷阱。任何成功都需要积累，需要付出，甚至需要大量的、长时间的奋斗。

做个有心人

世上无难事，只怕有心人！从我们来到这个世界的那一刻开始，就会遇到许多各种各样的困难。小时候还有家人帮忙着解决；当你长大了，步入社会时，突然发现有些困难是别人帮不了自己的，必须要自己去面对、去解决，这时我们只有勇敢地面对，才能走出困境。在困难面前，要有解决它的信心、恒心，那样的话困难就会迎刃而解了。

请仔细读读邮差弗雷德的故事，你会发现弗雷德实在没有什么丰功伟绩，没有惊天动地的故事，他只不过就是充满热情地、尽心尽责地努力做好自己的分内事。而恰恰就是这份热心和责任心是我们需要学习的。曾经有人说热忱是心中的神，没有它你就好像熄火的汽车无法前进。事实也的确如此，只有对你所做的事情充满热忱，你才会有创新，才能做到杰出。

如果你做一件正确的事，并认为这行为本身就是足够的回报，那么不论是否赢得他人的承认，你都会获得满足感。提供服务，不是一种责任，而是一个机会。

只有用心你才会注意是否很久没有跟家人联系，可以采取什么样的方式给你所爱的人一个惊喜。只有你对你所要做的事情竭尽全

尘世悟语 淡定与舍得的智慧

力，你才会考虑到很多的细节。在感觉上给客户营造贴心和舒心的氛围，你才会根据客户的不同需要随时调整自己的服务方式和表达方式，最终让客户满意，等等。

前任美国国务卿鲍威尔的一句话"永远尽自己最大的努力，因为，有眼睛在注视着你"，鲍威尔的成功再次证明了从平凡到杰出最重要的一点是用心尽力去做事情。

"世上无难事，只怕有心人"，这句话对很多人来说并不陌生，也许有些人觉得已听得耳朵起茧了，也许有些人已把它淡忘了，但仍然有这么一些人，一直把它当作人生的座右铭，时刻放在心上，在生活中、工作中、学习中，不断激励自己要做个有心人……

世界上有很多成功人士，他们也不是生来就成功的，每个人在成功的路上都是披荆斩棘一路走过来的。像爱迪生能够成功发明电灯，他做过的实验就达数千次，如果他不是有心坚持一定要把实验做到底，而是半途就放弃的话，那我们可能还不能提前用上电灯。他之所以成功，就在于他有坚定的信心、恒心，再加上不懈的努力。

有一些人在处理事情时，遇到困难就缩头缩尾、畏惧不前，这样的人只会和成功擦肩而过。生活中时时都会遇到难事，不管事情难度的大小，当它来临时，我们首先心态要好，要做个有心人，积极面对，"世上无难事，只怕有心人"，不言败、不放弃，那么再大的困难也就容易解决了。

始终都要持之以恒

从古到今，有关"挖井"的论断和故事不计其数：譬如有人口干舌裂，很想喝水，然后到一个高地上挖坑求水，一看到干土，就知道离水源还很远。要不停地挖下去，才会见到湿土，渐渐地才又见到湿泥，他以坚定的信心挖下去，就会知道已经离水不远了。有这样一幅漫画：一位青年人挖井找水，挖了四五个深浅不一的坑，都没有出水，正要挖新的"井"。画面下部的文字反映了他的心思：这下面没有水，再换个地方挖。而事实并非如此，其实每口"井"只要再深挖一些，就到了丰富的水源了。

此位青年人找不到水，是因为他没有在一个地方持之以恒地挖下去，虽然挖了四五个深浅不一的坑，但结果白费了气力。

要想找到成功之源，除了肯花力气外，还要目标专一，持之以恒，坚持不懈，浅尝辄止者是不会成功的。

清代学者王国维曾总结了学习的三个境界。其一为志存高远，"昨夜西风凋碧树，独上高楼，望断天涯路"；其二为持之以恒，"衣带渐宽终不悔，为伊消得人憔悴"；其三为成功境界，"蓦然回首，那人却在灯火阑珊处"。古代思想家荀况也说过："锲而舍之，朽木不折；锲而不舍，金石可镂。"我国数学家陈景润在少年时就立志摘下数学王国的桂冠——哥德巴赫猜想。他勤奋钻研，算纸用了几麻袋，艰难困苦，玉汝于成，终于获得了重大成果。大科学家欧立希立志制出一种药剂，经过长期不懈的努力，在失败了几百次之后，终于制出了药剂六六六。科学路上无捷径，专一不懈见成功，这样的例子真是俯拾皆是，不胜枚举。

这些话都说明了目标专一和持之以恒是成功的必经之路。反之，学习或工作上的浅尝辄止，永远不会带来成功，只能浪费时间，白花气力，到头来"空悲切"一场。有的人这山望着那山高，今天想当军事家，明天想当画家，后天又想当音乐家，最后只能当待在家里空发议论的"坐家"。

在学习、工作中，不管你是否犯过浅尝辄止的错误，只要你现在安下心来，认定一个正确的目标，专一而不懈地努力，你就一定会获得成功。

有一个故事讲一些人在郊区游玩，当他们遇到一条河时，一部分人选择了绕道到几公里外过桥，一部分人选择坐船，只有少数年轻人和一位老人选择从河水中蹚过岸。可是当冰冷的河水没过他们的膝盖时，那些年轻人选择了放弃，只有这一位老人蹚过了那条河。

虽然这只是一件小事，可是和那位老人相比，这些年轻人失败了，原因就是他们面对困难就退缩，没有坚持自己的选择。

生活中一些小小的坚持都可能让你获得成功。比如：

鲁迅在 30 年间写下了 700 多万字的著作。在这 30 年期间，他不管工作、写作再忙，生活环境如何艰苦、恶劣，都一直坚持写日记。正是这 30 多年的坚持，造就了一位文学界的巨匠，让他在文坛中获得了巨大的成功。鲁迅的成功更加证明了只有持之以恒，才能获得成功。

不光是在文学界，在科学领域中一样需要持之以恒的精神。

1903 年，在纽约举行的一次数学会议上，大家要求科尔教授作学术报告。科尔走到黑板前，用粉笔写下了一个算式，接着又进行计算，得到结果以后，科尔回到自己的座位上，会员们立即报以暴风雨般的掌声。因为科尔通过这不说话的报告，证明了 2 的 67 次方减 1 这个数是合数，而不是 200 年来被人怀疑的质数。之后，有人问科尔：为论证这一问题，花了多少时间？科尔回答："3 年时间里的全部星期天。"科尔坚持了 3 年时间，花去了所有的休息时间，经过坚持不懈地努力，终于获得了成功，为科学领域作出了巨大的贡献。

要成就一番事业，需要持之以恒的心。可是，不是所有的人都能明白这个道理。古今中外，不知有多少人满足于现状，不坚持，不努力，最后只换来了失败。王安石写的《伤仲永》中的仲永，他虽然有很高的天资，却没有继续努力，而是整日随父亲到处拜访客人，最后终于没有获得什么成就。试想一下，如果当时仲永能够坚持不懈地学习，加上他的天资，一定能够成为历史上又一位文学名人。

作为一代有志青年的我们，更应该做到持之以恒，发扬持之以恒的精神。我们要学习那位老人，学习他不怕困难、坚持到底的精神。其实所有有成就的人，都是经过了这种目标专一、持之以恒，才克服了一块块"顽石"。可见，持之以恒是一个人成功做成某种事情的基本内在素质，只有我们具备了这种素质，才能获得成功。

第八章　参透生死，一切随缘

每个人都与死亡同体。所有生命都应该感谢死亡，因为如果没有它的牵动，我们就真的死亡了。畏死者求生，怕黑的人自身放射光芒。

生命轮回，世界无常

生命每时每刻都在不停地消逝，然而能洞察到这一点的人却不多，洞察到能够超越的人更是微乎其微。通常情况下，人们总是沉浸在种种短暂幻化泡沫式的欢乐中，不愿意正视这些。然而，无常本就是生命存在的痛苦事实，故生命从来就没有停止流逝。生命的流逝乃至消失，又是我们必须面对的事实。逃避是不可能的，我们也无法逃避。无常的真理在事物中无时无刻不在现身说法，依恋的亲人突然间死去，熟悉的环境时有变迁，周围的人物也时有更换。享受只是暂时，拥有无法永恒。

春该常在，花应常开，而春来了又去了，了无踪迹；花开了又落了，花瓣也被夜里的风雨击得粉碎，混同泥尘，流得不知去处。的确，人们每提起"人生无常"这个观念，大多认为意义是负面的，但我们是否曾从相反的角度来考虑问题——若不是有无常的存在，花儿永远不会开放，始终保持含苞的姿态，那大自然不是太无趣了吗？大自然中，当花草树木的种子悄悄地掉落大地，无常就开始包围着它们，让阳光、土和水来滋养和改变它们，不用多久，植物的种子开始生根、发芽、长叶、开花和结果，让人们惊异于生命的可贵，这是无常带来的改变，这种改变是一种喜悦。

人世间的荣耀与悲哀，到最后统统埋在土里，化作寒灰。他们活着的时候，南征北战，叱咤风云，风流占尽，转眼间失意悲伤，仰天长啸，感叹人世，瞑目长逝了，也都化成一抔寒灰，连缅怀的袅袅香烟皆无。如果生前尚能冷静地反省，一定会明晓生活的真理。

人们害怕无常，不喜欢无常带来的负面改变。但是，任何现象都是一体两面的，有白天就有黑夜，有好就有坏，有对就有错，有生就有死，有天堂也有地狱，因此不必害怕无常，只有勇敢地接受无常，迎接它令人欢喜的一面，也接受它使人痛苦的另一面，这样才是完整的人生。

听从内心的召唤

大千世界，芸芸众生。成功的形式不同，成功的结果也不同。但是在成功的背后，有着共同的规律，就是成功者都能听从自己内心的召唤。

有一次，雪峰禅师和岩头禅师共同到南方云游，同行的还有一位小和尚，负责打理他们的日常生活，同时也跟着两位禅师学习佛法。当他们行至湖南鳌山时，遭遇大雪不能继续前进，他们便留下来小住。这段时间两位禅师整天讨论禅悟，小和尚没什么事情可做，于是他就每天坐禅。过了几天，岩头禅师责备他不该只是坐禅。受到岩头禅师的训导和指示，小和尚不再坐禅了，而是每天不是闲散就是睡觉；这样又过了几天，这回雪峰禅师又责备他修行懒惰，只知道睡觉却不坐禅。

面对两位禅师的责备，小和尚感到很迷茫，坐禅和睡觉都不是。两位德高望重的禅师都否定了小和尚的做法，接下来他真不知道该做什么了。

于是，他硬着头皮跟雪峰禅师说："师父，不是我不坐禅，是岩头禅师责备弟子不该只知道坐禅，所以弟子……"还没等小和尚说完，雪峰禅师就一棒打过来了，大声喝道："我的话你竟敢不听，该打！"

小和尚被打得有点莫名其妙，但是也不敢再说什么，便坐下来打禅了。这时正好岩头禅师路过，看到小和尚又在坐禅，便生气地喝道："你竟敢违逆我的意思，你不想得到佛法吗？"说着也给小和尚一棒。

小和尚还没反应过来，就又被敲了一棒，他苦着脸说："两位师父，我知道你们都是为我好，可是你们又让我做完全相反的事，我真的不想违逆你们，但是我又不知道该怎么做。"

听完小和尚的话，雪峰禅师与岩头禅师同时拿起棍棒，正准备往小和尚脑袋上打去。小和尚突然站了起来，说："不许你们再打我了，你们的话，我一个都不听。佛法就是让人求得自我、自在，所以，以后我想睡觉就睡觉，我想坐禅就坐禅，我想干什么就干什么！"说完就拿开两位师父手中的棒子，走开了。

雪峰禅师与岩头禅师相视一笑，小和尚终于开悟了——做自己想做的事，不能被别人牵着鼻子走。两位师父的话都不要听，即使他们是高深的大师，听我自己的才是最重要的。

然而，现实生活中，人们总是畏惧别人的眼光，总是担心别人怎么看，于是，不知不觉地丢失了自己；其实事情是我们自己的，别人不应该成为我们的标准，为什么我们要生活得那么被动呢？

　　有一位青年画家想努力提高自己的画技，画出人人喜爱的画。为此他想出了一个办法。这天，他把自己认为最满意的一幅作品的复制品拿到市场上，旁边放上一支笔，请观众们把不足之处给指点出来。集市非常热闹，来来往往的人群络绎不绝，画家的态度十分诚恳，于是许多人就真诚地发表自己的意见。到晚上回来，画家发现，画面上所有的地方都标上了指责的记号。也就是说，这幅画简直就是一无是处。这样的结果对年轻画家的打击实在太大了，他变得萎靡不振，甚至开始怀疑自己到底有没有绘画的才能。他的老师见他前不久还雄心万丈，此时却如此情绪消沉，不明事里，待问清原委后哈哈大笑，叫他不必就此下结论，不妨换一个方法再试试看。第二天，这位画家把同一幅画的另一个复制品拿到集市上，旁边仍然放上了一支笔。所不同的是，这次是让大家把觉得精彩的部分给指出来。到晚上回来，画面上所有地方同样密密麻麻地写满了各种夸奖的记号。青年画家这时才恍然大悟，以后在画坛上终有成就。所以，一个人永远无法满足所有人的胃口，高明的画家会引导大家跟着自己的画风走，而不是让自己跟着别人走。

　　不要太在意别人的话，别人不是我们的镜子。一个人活在别人的标准和眼光之中是一种被动、一种依附，更是一种悲哀。人为什么要活得那么累呢？人生本来就很短暂，真正属于自己的快乐并不多，为什么不能为了自己完完全全、彻彻底底地活一次？为什么不让自己脱离建立在别人基础上的参照系？……要知道属于你的，只是自己的生活而不是别人赐予的生活！

生命对于任何人都只有一次，我们活着就该为这世界增加一道别人无法增加的色彩。

生死随缘

北宋大将军曹翰率领部下渡过长江时，闯进了圆通寺。禅僧们惊慌得四处奔逃，唯有缘德禅师平静地坐着，跟往常一般，不惊不慌的。曹翰走到缘德禅师跟前，缘德禅师既不站立也不拜揖。曹翰大怒，呵斥道："长老没听说过杀人不眨眼的将军吗？"缘德禅师盯着他看了许久，回答说："你哪里知道有不怕死的和尚呢！"曹翰极为惊奇，对缘德禅师产生了敬意，问："禅僧们为什么走散了呢？"缘德禅师回答："敲起鼓来自会集合。"曹翰让手下去击鼓，并无禅僧到来。曹翰问："为什么不来？"缘德禅师答道："因为你有杀人之心。"说着自己起身击鼓，禅僧们就来集合了。曹翰向缘德禅师礼拜，请教取胜的策略，缘德禅师从容答道："这不是禅僧所了解的事。"

缘德禅师不惧生死，从心理上击败了大将军曹翰，使圆通寺化险为夷。这种良好的心态是禅师智慧的表现，是在长期的修炼过程中养成的。人生一世，什么情况都会遇到，天灾人祸时时难免，只有练就不惧生死的良好心态，才能镇定自若，冷静处理，走出险境。即使走不出去，也会大义凛然，视死如归，再现大丈夫气概。

生即生，灭即灭，正视这轮回往复，均属自然。不怨天，不尤人。唐代法常禅师是这样告别人世的：有一天，法常禅师对弟子们说："将要来临的不可抑制，已经失去的无法追回。"弟子们大概感觉到了什么，不知说什么好。静默之间，忽然传来老鼠的吱吱叫声。禅师说："就是这个，并非其他。你们各位，善自保重，吾今逝矣。"说完就去世了。再有，以烧佛像取暖而闻名禅林的天然禅师是这样逝世的：长庆四年六月，禅师对弟子们说："准备热水洗浴，我就要出发啦。"洗完澡，禅师戴上笠帽，穿上鞋子，操起挂杖，从床上下来，脚还没着地，就去世了。

得道禅师在死之前丝毫没有惊怕和恐惧，没有因留恋人生而引起的痛苦和不安，没有因世事牵累而造成的遗恨和困惑，而是通达从容，不失诙谐，保持了禅的风格、禅的精神的连贯和一致。禅师们对待死亡有此共识，出于多方面的宗教和人生涵养，其中有一条，那就是清楚地认识了自我在自然界中的适当位置，反映了禅对生命流程、对生死规律的深度认同。

生死对于每个人来说只有一次，他可以躲在舒适安全的环境中，碌碌无为度过一生；也可以将生死置之度外，在每一个关键时刻尽力地发挥出自己的光和热，为自己的一生留下一些有价值的值得回忆的东西。当然，这得需要与命运作斗争的勇气和心胸。有时候，在与困难作斗争的过程中，尽了最大的努力，也未能使希望实现。这时，我们也不要气馁，而要正视现实，查找根源，尽己所能，历练心志，为以后能迎头赶上打下良好基础。

良宽禅师这样写道："病就让它病好了，死就让它死吧！"可见，再没有比良宽禅师更心平气和的人啦！人生是不可预测的，世事无常，不知在什么时候人的生命就要中止了，所以，道元禅师说："正因为人生无常，才更要加倍努力追求正道。"

珍惜生命、顺应自然，该来的终归会来，该去的终归会去。我们无法挽留，也无法驱散，平心对待，一切随缘。

死亡并不可怕

有两个农民来到城市打工，几经磨难，终于找到了自己的一席之地，赚了很多钱。多年后年纪大了，他们就决定回乡下安度晚年。在他们回家的路上，佛祖装扮成一位白衣老者，手拿一面铜锣，在那里等着他们。他们与佛祖相遇了。他们说："您在这儿做什么？"

佛祖说："我是专门帮人敲最后一声铜锣的人。你们两个都只剩下七天的生命，到第七天黄昏的时候，我会拿着铜锣到你们家的门外敲，你们一听到锣声，生命就结束了。"

讲完这一番话，佛祖就消失得无影无踪了。

这两人一听他们只有七天的在世时间，完全愣住了，心想：我们在城市里辛苦了那么多年，赚了这么多钱，要回来享福了，没想到却只剩下七天好活的日子了，这可怎么办啊。

于是，两人各自回家后。第一个人从此不吃不喝，每天心想："怎么办？生命只剩七天了！"他就这样垂头丧气，面如死灰，什么事也不做，只记得那个老人要来敲铜锣。

他一直等，等到第七天的黄昏，整个人已如泄了气的皮球。

终于，那个老人来了，拿着铜锣站在他的门外，"锵"地敲了一声。一听到锣声，他就立刻倒下去，死了。

为什么呢？因为他一直在等这一声，等到了，也就死了。

第二个人有点不太甘心就这样死去，他觉得："太可惜了，赚了那么多钱，生命只剩下七天了。我自小就离家，从没为家乡做过什么，我应该把这些钱拿出来，分给家乡所有苦难和需要帮助的人。"

于是，他把所有的钱都分给了穷苦的人，又铺路又造桥，光是处理这些就让他忙得不得了，哪还记得七天以后的铜锣声。

到了第七天，他才把所有的财产都散光了。村民们都很感谢他，于是就请了铜鼓戏到他家门口来庆祝，场面非常热闹，舞龙舞狮，又放鞭炮，又放烟火。

到了第七天黄昏，佛祖依约出现，在他家门外敲铜锣。他敲了好几声铜锣，可是大伙全都没听到，佛祖知道再怎么敲也没用，只好走了。

这个人过了好多天才想起老人要来敲锣的事，心里还纳闷："怎么他失约了？"

死亡对于消极的人来说是一种折磨，而对于积极的人来说则是一种重生的机会。生命本就遵循着它自身的规律，我们要无怨无悔地接受现实。

所以，活着的时候我们尽自己的能力追求事业，不辞辛劳，追求心灵的超越，付出努力；一旦我们面临死亡，就能坦然离开。

只有对死亡有了正确的认识，人的思想才可以升华到更光明的境界。禅者视死为生，俗者视死为终，禅也好，俗也罢，生死都难料，何不淡然处之？

生死无怨无悔

洞山良价禅师是唐代高僧，佛教曹洞宗创始人。一天夜里，他说法没有点灯，有禅僧能忍问洞山禅师："师父，天这么黑，您为什么不点灯呢?"洞山禅师听能忍这样一问，就叫侍者把灯点亮。然后洞山禅师对能忍说道："请你到我的面前来!"于是禅僧能忍走向前来。

洞山禅师对侍者说："你去拿三斤灯油送给这位上座!"

能忍甩甩袖子走出了讲堂，边走边思量：洞山禅师是慈悲，还是讽刺我的贪求？或者还有别的意思？经过一夜的参究，能忍若有所悟，于是他拿出全部积蓄，举办斋会，供养大众。

禅僧能忍悟道后，在洞山禅师这里一住又是3年。3年后，能忍向洞山禅师告辞，说想要到别的地方去。

洞山禅师没有挽留，只是说："祝你一路顺风!"

等禅僧能忍出去后，一旁的雪峰禅师问洞山禅师道："这位禅僧走了以后，不知要多久才能回来?"

洞山禅师回答道："他知道他可以走，但他却不知自己什么时候可以再回来。你去僧堂看他一下吧!"

雪峰禅师到了僧堂，发现能忍坐在自己的席位上已经往生了。雪峰禅师赶紧跑去报告洞山禅师。

洞山禅师好像早已一切了然，说道："他虽然是往生了，但是却比我慢了30年。"

从能忍与洞山之间的这一个小小的故事，可以看出中国禅宗的宇宙观与生命观。

能忍对三斤灯油产生意见的前后行动，说明了禅家修持由施舍成道这一关键。

能忍起先要求点灯，洞山不仅从命将灯点亮，而且照顾能忍修行的要求特意再给他三斤。洞山禅师的禅风与慈悲，今日想来都令人佩服神往。

可是随后能忍却未能参透禅机，反起了傲慢之心，以为洞山在讽刺他。于是甩着袖子走路，就想闹情绪。

如果能忍从此一走了之，回头再把洞山贬得一钱不值，他后面的悟道、参修、往生怕是就难了。

不过能忍不愧是"能忍"，回头苦参了一夜，明白了洞山的品行修养。

于是能忍拿出全部积蓄，做了一回施舍。

能忍3年的苦参苦修想必也不是白费的，预知死期，道别时告诉老师：我要到别的地方去了。

洞山以特有的对待死亡的透彻了解，正式地辞别：祝你一路顺风！

雪峰禅师问洞山：能忍回来时是什么时候？

洞山的回答则表明，能忍的功夫还不够透脱，走是走得了，能否回来就做不得主了。

至于随后洞山说能忍慢了30年则大有深意——明明洞山你老人家好好地活着，人家能忍已经走路了，凭什么说人家反倒慢了30年？

其实，秘密就在能忍初见洞山时的那三斤灯油的问题上。

能忍比洞山迟了一夜才行施舍，那么他的往生功德以此缘起自然要比洞山慢上30年。

生死皆是禅，生时能了悟生之意义，能以"一口吞尽虚空"的气魄对己对人，生便是悟，死时能无怨，无碍一身清风正气。死才能了却一切痴怨，自由来去。及时了悟，当可及时摆脱这尘世的恩怨回环，让身心潇洒自在。这一生做到生时无怨，死时无悔即谓不枉此生。

以达观心看待死亡

千千万万的人出生的方式都是相同的，但是死的方式却大相径庭。而且，不同的方式又表明了不同的生死之心。

宋代善昭禅师是怎样往生的呢？原来当时有一位朝廷大官叫龙德府尹李侯的，下令让善昭禅师到承天寺当住持，连着下了三道命令，禅师都无动于衷。于是李侯府尹派三个使者来迎接禅师，临行时竟恐吓使者说："听着，如果你们不能确保把善昭禅师带回来，我就把你活活打死！"

于是，三个使者失魂落魄地来恳求善昭禅师离开汾阳。善昭禅师看到不去是不行的了，就考问众徒弟说："我怎么能够舍得丢下你们不管，一个人去当住持呢？如果带你们去，你们又都赶不上我。"

有一个徒弟便上前说："师父，我能跟您去，我一天可以走上80里！"

禅师摇摇头，叹口气说："太慢了，你赶不上我。"

另一个徒弟高声喊道："我去，我一天能走120里路！"

禅师还是摇头说："太慢了！太慢了！"

徒弟们面面相觑，纷纷猜测师父的脚程到底快到什么地步。这时才有一个徒弟默默地站起来，向善昭禅师叩首说："师父，我知道了，我跟您去。"

禅师问："你一天走多快？"

那弟子说："师父走多快，我就走多快。"

善昭禅师一听，高兴地微笑着说："很好啊，徒弟，你就跟我

185

走吧!"

于是,善昭禅师就一动也不动地坐在法座上微笑着圆寂了,那个弟子也恭恭敬敬地站在法座旁边立化了。像这种随时随地一瞬即去的死法,不是很圆满自由吗?

据说,宋朝另一位性空禅师坐水而死的事,也很具有传奇性。当时有贼人徐明叛乱,使生灵涂炭,杀伐甚惨。性空禅师十分不忍,明知在劫难逃,还是冒死往见徐明想感化他,于是,他在吃饭的时候作了一首偈自祭:"劫数即遭离乱,我是快活烈汉;如何正好乘时,请便一刀两段。"因此感化了盗贼,解救了大众的灾难。后来禅师年纪大了,就当众宣布要坐在水盆中逐波而化。他入坐盆中,盆底留下一个洞,口中吹着横笛,在悠扬的笛声中,随波逐流而水化,成就了一段佛门佳话。他留下一首诗说:"坐脱立亡,不若水葬;一省柴火,二省开圹。撒手便行,不妨快畅;谁是知音?船子和尚。"原来过去有一位船子和尚也喜欢这种水葬方式,性空禅师因此特意又作一首曲子来歌颂:"船子当年返故乡,没有踪迹好商量;真风遍寄知音者,铁笛横吹作教坊。"性空禅师和船子和尚这种吹笛水葬的死法就如诗一般。

许多禅师圆寂的姿态千奇百怪。隋朝的惠禅法师是手捧着佛经跪化的;唐朝的良仿禅师来去自如,要延长 7 日就延长 7 日而死;遇安禅师自入棺木 3 日犹能死而复生;古灵神赞禅师问弟子说:"你们知不知道什么叫作'无声三昧'?"弟子们答不知道,神赞禅师把嘴巴紧紧一闭就死了。

像这些禅师们的死法,既轻松潇洒,又幽默自由,是快活自在的,是有诗情画意的。他们用各式各样的舒舒服服的姿态通向死亡,站着、坐着、躺卧、倒立、跪化、说偈而死……由于他们具有勘破生死的智慧，才能这样无挂碍地撒手而去。人生来就与死相伴着，不要以死为惧哀号，而应将死亡视为一件自然的事。死不在于方式却在于意义，不在于形式却在于内容，以达观心看破死亡，那么死亡便不足惧。

智慧来源于现实

有一位云水僧听人说无相禅师禅道高妙，因此，他总想着要和无相禅师辩论禅法。这一天，他便往无相禅师的寺院赶去，刚进寺院的山门，就听说禅师外出。一位侍者沙弥双手合十出来接待，说道："师父不在，您有什么事可以向我说明，等师父回来后我就告诉他。"

云水僧道："你年纪太小了，我的事情你办不了。"

侍者沙弥道："年龄虽小，智能不小！"

云水僧一听，觉得这个小沙弥还真不简单，于是，他用手指比了个小圈圈，向前一指。沙弥摊开双手，画了个大圆圈。云水僧伸出一根指头，沙弥伸出五根指头。云水僧再伸出三根手指，沙弥用手在眼睛上比了一下。

云水僧见到沙弥有这样高的智慧，就诚惶诚恐地跪在小沙弥的跟前，顶礼三拜，掉头就走。云水僧边走边想：我用手比了个小圈圈，向前一指，是想问他，你胸量有多大？他摊开双手，画了个大圈，说有大海那么大。我又伸出一指问他自身如何？他伸出五指说受持五戒。我再伸出三指问他三界如何？他指指眼睛说三界就在眼里。一个沙弥尚且这么高明，可想而知，无相禅师的修行得有多深，思来想去，还是走为上策。

后来，无相禅师回来，小沙弥就述说了上述的经过，说道："报告师父！不知为什么，那位云水僧知道我俗家是卖饼的，他用手比个小圈圈说，你家的饼只这么一点大。我即摊开双手说，有这么大呢！他伸出一指说，一个一文钱吗？我伸出五指说，五文钱才能买一个。他又伸出三指说，三文钱可以吗？我想他太没良心了，便比了眼睛，怪他不识货，不想，他却吓得逃走了！"

　　无相禅师听后，说道："一切皆法，一切皆禅！沙弥，你会吗？"小沙弥只是茫然。

　　社会是一门大学问，生活是一部大智慧。一切智慧皆来自生活，来自现实，来自身边的点点滴滴。留心生活的人，就自然活得洒脱，活得真实，活得快乐。

第九章　涤荡心灵，放下负累

有的人在感情上总爱犯糊涂，生活中忙碌，职场中沉浮，人生中迷茫，皆因放不下那颗"执着"心。因为他们太过于执着，所以心中负担累累。他们需要放下莫名的执着，重新认识这个世界；放下爱恨情仇，让自己享受人生；放下生老病死，让自己活在当下……放下一切早该放下的烦恼，静下心来好好地洗涤心灵的污垢，让自己挣脱烦恼，享受自在人生。

给心灵洗个澡

在一个风和日丽的下午，外出化缘的小和尚回来了。刚走进寺庙，他就在禅房门口看到老法师正端坐在阳光下晒太阳。小和尚感到非常惊讶和不解，于是他走上前去，低声问道："师父，您这是怎么了？坐在这儿晒太阳。"

"没怎么，我正沐浴、洗涤呢。"老法师心平气和地说。

小和尚一脸疑惑，就回寺院内转了几圈之后，又回到老法师的身边，凑过去问老法师："师父，没看到您沐浴、洗涤呀！"

"我是在沐浴、洗涤自己的心灵啊！你当然看不到了。"老法师安详地说。

小和尚的好奇心上来了，他想探个究竟，长点见识，就又打破砂锅地问道："怎么为自己的心灵沐浴和洗涤呢？师父能否开导开导弟子？"

老法师就说："点燃一颗感恩戴德之心，在自己的心底煮沸半腔开水，再加入仁义、孝悌，甚至反思、忏悔等几味名贵心结，便可以为心灵药浴了。"

是的，在这个形形色色的世界里，人们的心灵难免会受到利益、名誉等各种各样的诱惑，使自己的心灵蒙上厚厚的尘埃。如果我们也能像老法师一样，经常自觉地、及时地给自己的身心沐浴，那么，我们的心灵就不会迷失，我们的心灵就会亮丽如初、圣洁高尚。

如果我们常常为自己的心灵沐浴、洗涤，清洗风风雨雨的尘埃，就能让自己做自然的事，享平常的福，这是人生一大幸事。

人在尘世中穿行，怎会不染尘灰？手脸如此，心灵也如此。满脸尘灰难免不雅观，如果心灵上有了尘垢，则表情难免暧昧，行为必定乖张，一不留神就会给自己或他人造成伤害。所以，人需要洗手洗脸、洗衣洗澡，也需要时不时地去洗涤一下自己的心灵。

保持一颗清净的心

慧能禅师见弟子整日在佛堂里打坐，便问道："你为什么终日在佛堂里打坐呢？"

"我参禅啊！"弟子说。

"参禅与打坐完全不是一回事。"慧能禅师解释道。

"可是您不是经常教导我们要定住容易迷失的心，清静地观察一切，终日坐禅不可躺卧吗？"

慧能禅师说："终日打坐，这不是禅，而是在折磨自己的身体。"弟子又迷茫了。

慧能禅师紧接着说道："禅定，不是整个人像木头、石头一样地死坐着，而是一种身心极度宁静、清明的状态。离开外界一切物象，是禅；内心安宁不散乱，是定。如果执着于人间的物象，内心即散乱；如果离开一切物象的诱惑及困扰，心灵就不会散乱了。我们的心灵本来很清净安定，只因为被外界物象迷惑困扰，如同明镜蒙尘，就变得模糊不清了。"弟子躬身问："那么，我应该怎样去除妄念，不被世间迷惑呢？"

慧能禅师说道："思量人间的善事，心就是天堂；思量人间的邪恶，心就化为地狱。心生毒害，人就沦为畜生；心生慈悲，处处就是菩萨；心生智慧，无处不是乐土；心里愚痴，处处都是苦海了。生命的本源也就是生命的终点，结束就是开始。财富、成就、名位和功勋对于生命来说，只不过是生命的灰尘与飞烟。心乱只是因为身在尘世，心静只是因为身在禅中，没有中断就没有连续，没有来也就没有去。"

慧能禅师的话像暮鼓与晨钟一样唤醒了弟子。

心迷就会苦，心悟就自在。心善即天堂，心恶即地狱。人的观念不正，就不能正业；观念如果偏差，所做的事也会错误。人要学习经得起周围人事的磨炼而心不动摇，并学习在动中保持心的宁静。

该执着的才执着

执着让一个人总是得不到解脱，古往今来，必定如此。执着在某些时候能够产生积极的效应，然而在某些情况下执着未必是件好事。唐代著名高僧寒山禅师作的《蒸砂拟作饭》的诗偈，正含此意：

蒸砂拟作饭，临渴始掘井。

用力磨碌砖，那堪将作镜。

佛说元平等，总有真如性。

但自审思量，不用闲争竞。

寒山禅师的这首偈中的"蒸砂作饭"、"临渴掘井"指出参禅若寻不得正确途径，即便是有执着精神，也必然是南辕北辙，一事无成。

神赞和尚早年在福州大中寺学习，后来外出参访的时候遇见百丈禅师而开悟，随后又回到了原来的寺院。他的师父问："你出去这段时间，取得什么成就没有？"神赞说："没有。"还是照着以前的样子服侍老禅师，做些杂役。

有一次师父在洗澡，神赞趁给他搓背的时候说："大好的一座佛殿，可惜其中的佛像不够神圣。"见到师父回头看他，神赞又说："虽然佛像不神圣，可是却能够放光！"

又有一天师父正在看佛经，有一只苍蝇一个劲儿地向纸窗上撞，试图从那里飞出去。神赞看到这一幕，禁不住作偈一首："空门不肯出，投窗也太痴，百年钻故纸，何日出头时？"

他的师父放下手中的经书问道："你外出参学期间到底遇到了什么高人，为什么你访学前后的见解差别如此之大？"神赞只好承认："承蒙百丈和尚指点有所领悟，现在我回来是要报答师父您的恩情。"

神赞见到师父为书籍文字所困，不好意思直接点明，只好借助苍蝇的困境来指出师父的不足。文字语言都是一时一地的工具，事过境迁再执着于文字，就如同那只迷惑的苍蝇一样总是碰壁。

如果一个人能够放下心中的那份不必要的执着，破除心里的固执念头，人生将会少许多烦恼、多些成功。相反，如果我们过于执着于那些本不该执着的事情，我们将会迷失更多的人生。

某大学里有一对大学同学，他们彼此深恋着对方，后来因为一件看起来微不足道的小事闹翻了。毕业后他们天各一方，各自走过了一条坎坷的人生旅途。他们的婚姻都不太美满，所以时时怀念年轻时的那段恋情。如今他们都老了，一个偶然的机会，他们又相聚了。

他问她：“那天晚上我来敲你的门，你为什么不开门？”

她说：“我在门后等你。”

“等我？等我干什么？”

“我要等你敲第十下才开门……可你只敲了九下就停下来了。”

现在一切都晚了，这个女人为这事后悔不已。她后悔自己过于执拗，她完全可以在他敲第九下的时候将门打开，或者在他离去时把他叫回来，这样她已经很有面子了。为什么非要坚持等那第十下不可呢？

这段遗憾仅源于女人过于执着那多出来的一次敲门而已。其实，人生有很多无谓的错过，有时是因为固执地坚持了不该坚持的。

我们又何尝不是如此？我们总喜欢给自己加上负荷，轻易不肯放下，自诩为“执着”。我们执着于名与利，执着于一份痛苦的爱，执着于幻想的美梦，执着于空想的追求。数年光阴逝去之后，我们才枉自嗟叹于人生的无为与空虚。我们常常自我勉励：“我想当科学家"，"我一定要得到诺贝尔文学奖"……可是很多时候，这些理想与追求反而成为了我们的一种负担，好像冥冥之中有人举着鞭子驱逐着我们去追求一些我们可能永远也追求不上的东西。

人生苦短，韶华易逝。选定目标就要锲而不舍，以求"金石可镂"。但如果目标不合适，或客观条件不允许，与其蹉跎岁月，徒劳无功，还不如干脆放下。

星云大师说：我们执着什么，往往就会被什么所骗；我们执着谁，常常就会被谁所伤害。是的，执着并不是在任何时候都是一件好事，只有在该执着的时候就执着，这才是坚持；如果在不该执着的时候还是执着，那就是固执己见。

放下精神负担

一位禅师与一位世俗人的对话："禅师，你用功参禅打坐，是在修行吗？"

"是的！"

"你用的什么方法呢？"

"饿了就吃，困了就睡。"

"任何人都是这样做的，他们是否也可以说跟你一样，算作修行呢？"

"不。"

"为什么？"

"因为他们吃的时候并不是在吃，而是在想各种各样的事情，从而使自己被扰乱。当他们睡觉的时候也不是在睡，而是做梦，想许多事情，所以他们与我不同。"

懂得修习禅定的人，首先要做到排除杂念。所谓万法归一，就是把许许多多的杂念收缩到一个点上，就在这一念集中处，寻找究竟。所以说，禅师在吃饭、睡觉的时候，杂念都被排除了。

临济宗的一位禅师有句名言："无事是贵人，但却莫做作。"

在日常生活中，往往用"无事"这句话，以表示"安然无恙"的意思。但在禅语中，却具有另一种特殊的含义。

从禅者的本意来说，是指不求佛，不求道，以及不向外求人的一种心理状态，即临济禅师所说的："求心不歇即无事！"

在现实生活当中，几乎人人都有不同的烦恼。在佛典中，经常会见到"烦恼即菩提"这句话，是指人们可以通过心的锻炼，培养出刚直、纯真的人性，因此不必向外求，不要光谈理论，而要亲身去体验实际的感觉与情境。

其实，人生众多的烦恼都是我们自己强加上去的。佛之所以没有烦恼，是因为他把所有的东西都放下了，包括金钱、名声、色相、争执等，当然自身也就会轻轻松松、开开心心。

有一个年轻人背着个大包千里迢迢跑来找无际大师，说："大师，我是那样地孤独、痛苦和寂寞，长途跋涉使我疲倦到了极点；我的鞋子破了，荆棘割破了双脚和手，流血不止；嗓子因为长久地呼喊而沙哑……为什么我还不能找到心中的目标？"大师问："那么，你的大包里装的什么呢？"年轻人说："它对我可重要了。里面装的是我每一次跌倒时的痛苦，每一次受伤后的哭泣，每一次孤寂时的烦恼……靠它，我才走到您这儿。"

于是，无际大师带着年轻人来到河边，他们坐船过了河。上岸后，大师说："你扛着船赶路吧！""什么？扛着船赶路？"年轻人惊讶地说道，"它那么沉，我扛得动吗？""是的，孩子，你扛不动它。"大师微微一笑，说，"过河时，船是有用的。但过了河，我们就要放下船赶路，否则，它会变成我们的包袱。痛苦、孤独、寂寞、灾难、眼泪，这些对人生都是有用的，它能使生命得到升华，但须臾不忘，就成了人生的包袱。放下它吧！孩子，生命不能太负重！"

于是年轻人放下包袱，继续赶路，他发觉自己的步子轻松而愉悦，也比以前快得多了。

我们很多人都背着沉重的包袱过日子，这使我们痛苦不堪，要想摆脱烦恼，快乐起来，最好的办法就是放下包袱。有些人同样是在吃、喝、睡觉、生活，但却没有烦恼，就是因为他们懂得放下的乐趣。

不要有挂念

人们之所以烦躁、不安，甚至有时候还会狂乱，最根本的原因就是精神的束缚，放下了，才能使精神得到解脱。

有一个吸毒者，被关在戒毒所里。他住的房子空间非常狭小，住在里面很是拘束，不自在又不能活动。为此，他的内心充满着愤慨与不平，倍感委屈和难过，认为住在这么一间小房子里，简直就是人间炼狱，所以他每天就这么怨天尤人，不停地抱怨着。

有一天，这个小房子里飞进来一只苍蝇，直绕在他耳边嗡嗡叫个不停，到处乱飞乱撞。他心想：我已经够烦了，又加上这讨厌的家伙，实在气死人了，我一定非捉到它不可！

吸毒者小心翼翼地捕捉，无奈苍蝇比他更机灵，每当快要捉到它时，它就轻盈地飞走了。苍蝇飞到东边，他就向东边一扑；苍蝇飞到西边，他又往西一扑。捉了很久，还是无法捉到它。他这才慨叹地说："原来我的房间不小啊！居然连一只苍蝇都捉不到！"此时他悟出一个道理，心中有事世间小，心中无事一床宽。

可见，外面世界的大小并不重要，重要的是我们自己的内心世界。一个胸襟宽阔的人，纵然住在一个小小的囚房里，亦能转境，把小囚房变成大千世界；如果一个心量狭小、不满现实的人，即使住在摩天大楼里，也会感到事事不能称心如意。

正如无门禅师所说："春有百花秋有月，夏有凉风冬有雪；若无闲事挂心头，便是人间好时节。"我们每一个人，不要总是计较环境的好与坏，要注意内心的解脱与宽容，所以内心的世界是非常重要的。

人生在世，有太多的东西放不下，有了功名，就对功名放不下；有了金钱，就对金钱放不下；有了爱情，就对爱情放不下；有了事业，就对事业放不下……这些重担与压力，使很多人生活得非常艰苦。在必要的时候，放下不失为一条解脱之道。

熄灭心中的怒火

赵德龄在自己的花园里栽种了各种各样的鲜花，她每天都从自家的花园里采撷鲜花到寺院供佛。一天，当她送花到佛殿时，碰巧遇到无德禅师从法堂出来。无德禅师非常欣喜地说道："你每天都这么虔诚地以香花供佛。"

赵德龄非常高兴地回答道："这是应该的。我每次来您这里礼佛时，觉得心灵就像洗涤过似的清凉，但回到家中，心就烦乱了。作为一个家庭主妇，如何在繁重的家务中保持一颗清净纯洁的心呢?"

无德禅师反问道:"你以鲜花献佛,对花草总有一些常识。我现在问你,你如何保持花朵的新鲜呢?"

赵德龄答道:"保持花朵新鲜的方法,莫过于每天换水,并且在换水时把花梗的最底端剪去一小截,因为这一截花梗已经腐烂,腐烂之后水分不易吸收,花就容易凋谢!"

无德禅师说:"其实,保持一颗清净纯洁的心,道理也是一样的。我们的生活环境就像花瓶里的水,我们就是花,唯有不停地净化我们的身心,变化我们的气质,并且不断地忏悔、检讨,改掉陋习、缺点,才能不断吸收到大自然的食粮。"

赵德龄听后,作礼感谢道:"谢谢禅师的开示,希望以后有机会亲近禅师,过一段庙宇中禅者的生活,享受晨钟暮鼓,菩提梵歌的宁静。"

无德禅师说:"你的呼吸就是梵歌,脉搏跳动就是钟鼓,身体就是寺宇,两耳就是菩提,无处不是宁静,又何必等机会到庙宇中生活呢?"

可见,对于真正懂得修心之人,无处不是宁静祥和,可见保持一颗平和之心也是非常重要的。

从前,有两位庄户人家。一家的牛吃草过界,糟蹋了另一家的庄稼。两人便吵了起来,各不相让,最后打了起来,互相牵扯着进了县衙。

那会儿县太爷正赶上心情不好,也不问青红皂白,惊堂木一拍,喝令两人将县衙门外捕快们练功用的石碌碡,合力扛回村去回来再告状。

两人面面相觑,敢怒不敢言,只好遵从县令的话去做,可是要对付两三百斤重的石碌碡，还真得要齐心协力。尽管如此，只搬到公路上，两人就已筋疲力尽，于是他们就坐在路边的树荫下休息。忽然，一阵南风吹来，两人醍醐灌顶，幡然醒悟，遂租来一辆马车，将那石碌碡送回县衙，悄然息讼，携手而归。

还有一个故事，也是劝人平息怒火的。

杨某受人诽谤，感到名誉受损，便带一把剑去找诽谤者算账。途经长长的河堤，一路垂柳拂岸，白浪逐沙，水鸟在木船上盘旋，在碧蓝的天空倒映下，河流仿佛玉带轻盈飘动……

杨某为眼前的美丽景致所吸引，他步子渐渐地放慢下来，后来干脆坐在草坡上折一枝柳条做笛，吹奏着放牛小调。全然忘记了腰间还藏着剑，忘记了此行的目的。

自然的美景可以平息心头的怒火，理智可以压退癫狂。然而，世间事并不会总那么巧，总是会遇到安宁的环境来平息心头怒火，如果正赶上阴天怎么办？也没有垂柳拂岸、白浪逐沙，只有波涛汹涌、残花败柳呢？这个时候，就需要我们在自己内心中寻找一份安宁。这种安宁也能平息心头怒火，化干戈为玉帛。

庸人自扰

四祖道信禅师被唐代宗谥为"大医禅师"。元泰定年时加号"妙智正觉禅师"。在他还未悟道时，曾经向三祖僧璨禅师请教。

道信禅师虔诚地向三祖僧璨禅师请求道："我觉得人生太苦恼了，希望你指引给我一条解脱的道路。"

三祖僧璨禅师反问道："是谁在捆绑着你？"

道信认真地想了想，如实回答道："没有人绑着我。"

三祖僧璨禅师笑道："既然没有人捆绑你，你就是自由的，就已经是解脱了，你何必还要寻求解脱呢？"

后来，石头希迁禅师在接引学人时，将这种活泼机智的禅机发挥到了极致。

有一个学僧问希迁禅师："怎么才能解脱呢？"

希迁禅师回答："谁捆绑着你？"

学僧又问："怎么样才能求得一方净土呢？"

希迁禅师回答道："谁污染了你？"

学僧继续追问道："怎么样才能达到涅槃永生的境界呢？"

希迁禅师回答："谁给了你生与死？谁告诉你生与死有区别？"

学僧在希迁禅师的步步逼问之下，开始迷惑不解，继而恍然大悟。烦恼是自找的，没有谁能把烦恼强加给你。同样，快乐也是你自己的事，没有谁能够把它夺去。

世上本无事，庸人自扰之。生活中，很多人往往会自寻烦恼，自己给自己套上枷锁，从而搞得自己疲惫不堪。我们应该学会解除这些束缚，给自己减压，从而让自己活得轻松。

物我两忘

一个女尼恭敬地问赵州禅师道："大师，请问佛法最秘密的意旨是什么？"

赵州随手掐了她的屁股一下，说："喏，就是这个。"

女尼很生气，便质问他道："你还是高僧吗？没想到你心中还有这个。"

赵州禅师平静地说："不！是你心中还有这个！"

尘世悟语 淡定与舍得的智慧

实际上，赵州禅师是想告诉女尼，佛法的最高境界是忘我，而女尼却还以为大师在非礼她，可见她没有达到忘我的程度。对于人生也一样，越纯越厚重，就越能担当。

有个作家写了他的一位朋友。这朋友到别人家里，别人给他苹果，他拿了就吃，也不客气一下，也不推让一番。吃完了，玩倦了，他就靠在人家桌子上睡着了。有时，别人给他葡萄吃，他不假思索地推开，说："不好吃！"他也不管别人的心理感受是怎么样的。他乐意了就主动给人擦地、扫地、做饭。他不高兴时，分明看见水洒在床上也不动手擦一下，一切率意而为。

作家说自己，见人一口笑，即便心里要哭也要装作一副欢天喜地的样子。见了想吃的东西，嘴里口水淌，却硬撑面子，一迭声说"不吃不吃"。见了老官僚，心里恨他作恶多端，老不死，不早死，嘴里却满口"您老德高望重，越看越显年轻"，还要装出一副天真淘气讨人爱的样子。

作家在谈到自己的时候，说自觉很做作，但是他又不能像他的那位朋友一样，因为那位朋友今年才3岁！

3岁当然还在人生最初的境界，保持了最初的纯真。如此单纯、和谐、率真，显示了一种神圣的境界、一种纯洁的心地，实际上也是一种忘我的心境。

然而可惜的是，人越是长大，就越被凡尘俗事所束缚，再也不能享受到忘我的自由。这真是一场又苦又累的跋涉，又是一场又诱人又叫人心灰的结果。人想要的实在太多：金钱、地位、权力、情感……

人的心若死执一种观念，不肯放下，那么永远不可能达到忘我境界。忘我，是一种生命的境界，只有忘我才能得到人生的自由，只有忘我才能享人间的大欢乐。反之，如果处处以我为中心，什么都想要，什么都拿得起放不下，最终你会被身上越来越多的重负压垮。

拥有一颗纯洁的心

神殿里面灯烛辉煌，僧来人往，十分热闹。天神的塑像庄严地供奉在座上。教徒们正忙碌着，一盘盘的鸡、鸭、猪等庖牲贡品都抬上来了，他们恭恭敬敬地奉献着。

"你们为什么要用庖牲做祭品呢？"天神问。

"因为用庖牲祭祀，可以得到天神降福，赐给我们大量财富，农作物丰收，人民安康幸福。"

"不对，用庖牲祭祀是野蛮的行为。杀生流血，只会做成更大的罪业，罪业的行为，怎能带来福泽呢？"天神说。

教徒们很惭愧，就问："那么，要怎样才可以祈福呢？"

"只有奉行众善，纯洁身心，才是福德的本源。"天神回答道。

教徒们听了，立刻信服，就跪在地上忏悔，以后再也不用庖牲祭祀了。

其实，供养天神，也并不需要什么稀有物，最重要的是有纯洁的身心。同样，对于爱情而言，并不需要整天的海誓山盟，有时候平淡得就像一碗饭。

有个美丽的女孩认识了一个男孩子。他们开始了一段浪漫的爱情之路。一切都和女孩想象中的一样美丽。

那些日子里，女孩的办公桌上，开始有玫瑰花。据说，玫瑰是代表爱情的。女孩细心地为玫瑰换水，用前所未有的温柔目光注视

尘世悟语 淡定与舍得的智慧

它们。

办公室里的女孩子们，常常在一起讨论有关爱情的话题。而恋爱中的那个女孩总是说："爱情，一定要是浪漫的、美丽的，就好像——好像那些玫瑰花！"

有一天晚上，男孩带女孩到饭店去吃饭。

当女孩吃饭的时候，男孩坐在对面，看着她吃。女孩吃着吃着，忽然想起了小时候，外婆就常常这样坐在她对面，看着她吃饭。外婆的目光里，含着慈祥和喜爱，让小时候的她，充满了被宠爱的感觉，那种感觉，只有一个词可以形容：幸福。

女孩抬头看男孩的眼睛。那双含笑的眼睛里，映着女孩的脸，竟然也是很慈祥的样子。那一刻女孩仿佛回到了从前，小小的心里，溢满了被爱的快乐。

女孩吃剩半碗饭，放在一边。男孩对她笑笑，伸手拿走了那半碗饭，开始吃起来。他吃得那样香甜，那样自然。

女孩愣了愣。在她的印象中，只有外婆和父母才吃过她吃剩下的饭。那是只有一家人才可以做得这么自然的事啊。

而男孩……

"嘿，你知道吗，我忽然想起了什么？"男孩吃着饭，说，"我忽然想，如果以后有一天，我们穷得只剩下一碗饭，我一定会让你先吃饱。真的，我发誓！"

女孩想，这真是一个奇怪的誓言啊，可这却是男孩对女孩许下的唯一誓言！不知道为什么，女孩却为这个奇怪的、有关一碗饭的誓言哭了……

以后，当同伴们再次说起爱情时，那个女孩就总是会说："爱情啊，爱情就是一碗饭。"

只有奉行众善，纯洁身心，才是福德的本源。我们不能总是希求生活用隆重的仪式来接待我们，有时候真心就足以证明爱情的神圣，关于一碗饭的誓言就足以打动一个女孩的心。只有戏剧中的人物才会整日地轰轰烈烈，而那些都是虚假的，就像用疱牲来祭祀，祭祀的人只是用来换取自己的利益，却并没有一颗真诚的心。

贪多嚼不烂

古今芸芸众生都是忙碌不已，为衣食、为名利、为自己、为子孙……很少有人肯静下心来思考一下：忙来忙去究竟是为了什么？多少人是直到生命的终点才明白，自己的时间浪费在太多无用的地方，而如今却已没有时间和精力去体会生命的真谛了。唐代的寒山禅师针对这一现象作过一首《人生不满百》的诗：

> 人生不满百，常怀千岁忧。
>
> 自身病始可，又为子孙愁。
>
> 下视禾根土，上看桑树头。
>
> 秤锤落东海，到底始知休。

寒山禅师希望以此诗警示后人："即刻放下便放下，欲觅了时无了时。"能放下的事情不妨放下，若是等待完全清闲再来修行，恐怕是永远找不到这样的机会了。

据说，从前有个国王，放弃了王位出家修道。他在山中盖了一座茅草棚，天天在里面打坐冥想。有一天，他感到非常得意，便哈哈大笑起来，还感慨道："如今我真是快乐呀。"

旁边的修道人问他："你快乐吗？如今孤单地坐在山中修道，有什么快乐可言呢？"

国王说："从前我做国王的时候，整天处在忧患之中。担心邻国会夺取我的王位，恐怕有人劫取我的财宝，担心群臣觊觎我的财富，还担心有人会谋反……现在我一无所有，也就没有算计我的人了，所以我的快乐不可言喻呀。"

是的，人生往往如此，拥有得越多，烦恼也就越多。因为万事万物本来就随着因缘变化而变化，凡人却试图牢牢把握，让它不变，于是烦恼无穷无尽。倒不如尽量放下，烦恼自然会渐渐减少。道理谁都明白了，可是能做到的人有几个？

许多人都有贪得无厌的毛病，正因为贪多，反而不容易得到。结果患得患失，徒增压力、痛苦、沮丧、不安，往往一无所获，真是越想越得不到。

有一个故事讲一个小孩把手伸进瓶子里掏糖果。他想多拿一些，于是抓了一大把，结果手被瓶口卡住，任凭他如何用力，却怎么也拿不出来。他急得直哭。

佛陀就对他说："看，你既不愿放下糖果，又不能把手拿出来，还是知足一点吧！少拿一些，这样拳头就小了，手就可以轻易地拿出来了。"

这个小孩不得不听佛陀的话，最后手拿出来了。

我们所说的放下并不是要人们什么事情都不做，而是说要做该做的事情，不该做的事情一定不要固执地抓住不放。如果我们学会了"放下"的智慧，那么不仅会有利于周围的人，更是从根本上解脱了我们自己。

在我们寻常人的眼里，世间万物往往是被认为是实有的，加之我们以固有的观念去看待世间的万物，因而在我们主观的视角中便产生一些错误的人生观，当作衡量世间一切事物的尺度，因而使我

205

们深深地被是非、烦恼困扰住了。于是人生就平白生起了许多的痛苦，而我们自身又无法摆脱这种痛苦的缠绕。显然，我们要摆脱世间各种烦恼的缠缚，单纯地依靠世间的智慧，无疑是不可能实现的，有时我们还需要一种勇气、一种敢于"放下"的勇气。例如，我们对某些事情"求不得"时，就会想尽一切办法努力去争取实现其目标。而当这一目标实现了之后，新的欲望又产生了，于是转而产生新的烦恼，如此往复，永无止境。此时此刻，如果我们心中能够产生一种"放下"的勇气，这个烦恼也就有了期限。

懂得"放下"，是一味开心果、一味解烦丹、一道欢喜禅。只要我们能够适时地"放下"，何愁没有快乐的春莺在啼鸣；何愁没有快乐的泉溪在歌唱；何愁没有快乐的鲜花在绽放！

欲望越多，痛苦就越多，幸福就越会远离。只有懂得节制欲望的人，才能享受到人生的真正乐趣。只有懂得不去计较的人，才能享受到左右逢源的和谐。只有懂得放下自己的人，才能享受到生活的自在从容。

把烦恼写在沙滩上

一个年轻人来到寺院，找到禅师，与他一边品茶，一边聊天。突然他问了一句："什么是团团转？"

禅师随口答道："皆因绳未断。"

很明显，年轻人不明白禅师是怎么知道他的事情的，脸上露出了迷茫和惊讶之状。

禅师看到他如此奇怪的表情，就问："你为什么如此惊讶？难道我答错了？"

"不，师父，我惊讶的是您是如何知道的？我来的路上，看到一头牛被绳子拴了犄角缠在树上，它想离开树到草地上去吃草，结果它转过来转过去都不得脱身。师父没看见，怎么一下子就答对了呢？"

禅师微笑着说："咱们说的是两回事。你说的是事，我说的是理。你问的是牛被绳索缠住而不得解脱，我说的是心被俗物缠绕而难以超脱。一理通百事啊。"

尘世的诱惑和牵绊都是绳索。芸芸众生就像那头牛一样，被烦恼、忧愁、痛苦的绳索束缚着，生生世世不得解脱。那么，我们是否就只能一直被外物所牵绊？不，我们至少还有选择放下的权利，放下所有让心灵难以轻松的东西，最终达到一种自在的境界。

有一个30岁的年轻人，在他25岁时追求的家庭、事业都有了，但总是觉得生命空虚、无奈，而且这种感觉日渐严重，到了后来他不得不去看心理医生。

心理医生听完他的陈诉，开了四个药方，对他说："你明天9点钟以前独自到海边去，不要带报纸、杂志，不要听广播，到了海边，分别在9点、12点、3点、5点，依序各打开一个药方，你的病就会好的。"

那位30岁的年轻人半信半疑，但还是依照医生的嘱咐来到了海边，看到晨曦中的大海，心灵为之一震，心情也跟着变得开朗了。

9点整，他打开第一个药方，上面写着"谛听"二字。于是他坐下来，倾听风的声音、海浪的声音。他感觉到自己的心跳与大自然的节奏是那么地协调，很久没有这么安静地坐下来听了，他感觉自己的身心仿佛得到了清洗，突然觉得很舒爽。

12点，他打开第二个药方，上面写着"回忆"二字。他开始从谛听外界的声音转回来，回想从前：童年时的无忧、青年时的艰辛、父母的慈爱、朋友的友谊，生命的力量与热情又重新燃烧起来了。

下午3点，他打开第三个药方，上面写着"检讨你的动机"。他记得早年创业时，怀有远大的理想，为了追求人生的福祉，他热诚地工作。可等到事业有成了，全然忘记了当初的信念，只顾着赚钱，失去了经营事业的喜悦，又由于过于强调自我，也不再关心别人的冷暖。想到这里，他已深有领悟。

到了黄昏的时候，他打开最后一个药方，上面写着："把烦恼写在沙滩上。"他走到离海最近的沙滩，写下了他的烦恼。可是一波海浪立即淹没了它们，洗得沙上一片平坦。他愣住了。

他终于悟出了生命的意义。在回家的路上，他再度恢复了生命的活力，空虚与彷徨也消失得无影无踪了。

"把烦恼写在沙滩上"，就是要放下、要舍却，沙滩上的字被海水一冲就流走了，缘起性空才是生命的真相，能悟出这一层，放下就没那么困难了。唯舍却外物的附庸，方有真性情的流露，方能成为自己的主人，这是生活本色的自然呈现。

人之所以会烦恼，就是记性太好。人之所以不快乐，就是计较得太多。人之所以活得累，就是想太多。别让自己心累！应该学着想开，看淡，学着不强求，学着深藏。别让自己心累！适时放松自己，寻找宣泄，给疲惫的心灵解解压，开心过好每一天。

放下你的优越感

孙小姐家境富裕，不论是财富、地位、能力、权力，还是美丽的外表，都没有人能够比得上她，一提到这些方面，她也总是感觉自我良好。但她经常郁郁寡欢，平时连个可以谈心的朋友都没有。由于优越感的驱使，她会在有意无意中伤害别人，久而久之，连最亲密的朋友都疏远她了。于是，她就去请教无德禅师，如何才能使自己具有魅力，以赢得别人的喜欢。

无德禅师告诉她道："如果你能随时随地和各种人合作，并具有和佛一样的慈悲胸怀，讲些禅话，听些禅音，做些禅事，用些禅心，那你就一定会成为有魅力的人，并且会有很多人与你交往。"

孙小姐听完禅师的话后非常开心，虔诚地问道："那禅话怎么讲呢？"

无德禅师道："禅话，就是说欢喜的话，说真实的话，说谦虚的话，说利人的话，而不是说处处显示自己优越的话。"

孙小姐接着又问道："那禅音又要怎么听呢？"

无德禅师答道："禅音就是化一切音声为微妙的音声，把辱骂的音声转为慈悲的音声，把毁谤的音声转为帮助的音声，把不屑的音声变为尊重的音声，把娇纵的音声变为体贴的音声，同时哭声、闹声、粗声、丑声，你都能不介意，那就是禅音了。"

孙小姐再问道："禅事怎么做呢？"

无德禅师回答说："禅事就是服务帮助别人的事，合乎人性的事。"

孙小姐更进一步问道："禅心是什么呢？"

无德禅师道："禅心就是你我一如的心，圣凡一致的心，包容一切的心，普利一切的心。说到底要有一颗善良慈悲的心。"

孙小姐听后，一改从前的骄横脾气，在人前不再夸耀自己的财富了，也不再自恃自我的美丽，没有了以前那种目中无人的优越感了，对人总是谦恭有礼，对朋友尤能体恤关怀，大家于是都很喜欢她了。

现代社会，某些人总有一种莫名其妙、不知所以的优越感，而且这种优越感简直有点咄咄逼人。其实，每个生命都应得到尊重，每个生命都有令人感动的一面，这种莫名其妙的优越感只能彰显自己的幼稚与肤浅。一个懂得人生的人，绝不会轻易去否定或忽略一个人，因为任何一个生命都有别人不可超越的价值和特质，而拥有这种心理的人也一定是一个品德高尚的人。

在一个寒风凛冽的冬夜，有一位老人正在河口等待渡河。

一个接一个的骑士从他身边经过，但是他都没有开口求助。当最后一个骑士过来时，老人终于开口了，说："先生，您能不能载我到对岸去？"这位骑士愉快地答应了，他不仅把老人载过了河，还送他到几英里外的目的地。

快到时，这位骑士好奇地问："先生，我注意到您眼睁睁地看着前面几个骑士经过，而直到我来时你才来求助，这是为什么呢？"

老人不慌不忙地回答："我很会看人的，我看其他骑士的眼光，马上就了解到他们根本就不关心我的状况，他们都有着一种贵族的优越感，而对于卑微的我他们甚至有一种不屑和嫌弃。但是当我看您的眼光时，很明显地找到了仁慈和怜悯。"

这位骑士不是别人，正是美国历史上的第三位总统——托马斯·杰克逊。

托马斯·杰克逊出身贵族，接受过最好的学校教育，又极富卓越的思想和才能，为美国社会作出了杰出的贡献，但他却没有显露出丝毫的优越感，而总是以仁慈的心对待每一个卑微的人。

不可否认，人们的出身、教育、能力、外貌总是存在差别的。

尘世悟语 淡定与舍得的智慧

但并不是说你的这些优越性可以拿来当作伤害别人的工具，杰克逊的修养、仁慈，造就了他崇高的地位并得到了整个国人的礼遇。我们都是平凡人，虽然无法得到杰克逊所拥有的，却至少可以让自己毫无优越感的待人接物的良好修养为自己赢得良好的生存氛围。

如果一个人总是把他的优越感摆在别人面前，那是一种无礼、无智及以势压人的愚蠢行为，而且最终只会遭到他人的攻击和唾弃。

人与人之间的很多矛盾都是从优越感中来的，因为都觉得自己比别人更高明，比别人更有见识，比别人更正确，于是相互轻视，矛盾也就逐渐生起了。那怎样才能消除矛盾呢？要学会把自己的心态放低、放平，多看自己的缺点，多看别人的优点，让自己变得谦虚、恭敬，这样你所处的环境自然就融洽了。

心无挂念常开心

惠能（也作慧能）禅师有关风幡的禅语是"不是风动，不是幡动，仁者心动"。道破了"风动"与"幡动"的本质皆为"心动"。内心空明，不被外界所扰，这也是普通人行事处世的快乐之本。

据说，有一个无名僧人，苦苦寻觅开悟之道却一无所得。这天他路过酒楼，鞋带开了。就在他蹲下来整理鞋带的时候，偶然听到楼上歌女吟唱道："你既无心我也休……"刹那之间恍然大悟。于是和尚自称"歌楼和尚"。

"你既无心我也休"，在歌女唱来不过是失意恋人无奈的安慰：你既然对我没有感情，我也就从此不再挂念。唱者无心，听者有意。在求道多年未果的和尚听来，"你既无心我也休"却别有滋味。

在他看来，所谓"你"意味着无可奈何的内心烦恼，看似汹涌澎湃，实际上却是虚幻不实，根本就是"无心"。既然烦恼是虚幻，那么何必去寻找祛除烦恼的方法呢？

每个人都经历过自己的生活，免不了会有一些事情占据藏在心间挥之不去，让我们吃不下、睡不着，然而这些事情却并非不能放下，只是我们庸人自扰罢了。

有一位成功的商人。虽然赚了几百万美元，但他似乎从来不曾轻松过。

有一天，他下班回到家里。他在餐桌前坐下来，心情十分烦躁不安，对胡桃木做的大餐桌没有看进眼里。于是他又站了起来，在房间里走来走去。他心不在焉地敲敲桌面，差点被椅子绊倒。

这时候他的妻子走了进来，在餐桌前坐下。他说声"你好"，一面用手敲桌面，直到一个仆人把晚餐端上来为止。他很快地把食物一一吞下，他的两只手就像两把铲子，不断把眼前的晚餐铲进口中。

吃完晚餐，他立刻起身走进卧室去。他的卧室装饰得流光溢彩：意大利真皮大沙发，地板铺着土耳其的手织地毯，墙上挂着名画。他把自己投进一张椅子中，几乎在同一时刻拿起一份报纸。他匆忙地翻了几页，急急瞄了瞄大字标题，然后，把报纸丢到地上，拿起一根雪茄。他一口咬掉雪茄的头部，点燃后吸了两口，便把它放到烟灰缸去。

他坐立不安，换了很多的姿势还是不满意，实在是心里躁得慌。突然，他跳了起来，走到电视机前，打开电视机，等到画面出现时，又很不耐烦地把它关掉。他大步走到客厅的衣架前，抓起他的帽子和外衣，走到屋外散步。他持续这样的动作已有好几百次了。虽然他在事业上十分成功，但却一直未学会如何放松自己。他是位紧张的生意人，并且常常放不下公司里的那些琐碎事情。他没有经济上的问题，他的家是室内装饰师的梦想，他拥有私人飞机，即使是假期他也要乘私人飞机去做一些公式化的琐事，常常让自己回来以后变得更加烦躁和不安，以至于无法控制自己的情绪。为了争取成功与地位，他已经付出了自己全部的时间去获得物质上的成就。然而，他在拼命工作、拼命赚钱的过程中，却迷失了自己。假如他能够适时地将心中的那些烦心琐事抛开，解放迷茫的内心世界，就能找回在生活中迷失的自我。

投入生活，就会受到来自诸多方面烦恼的干扰，常常令我们身心疲惫、痛苦不堪。然而心病还需心药医，只有我们从内心摆脱这些烦恼的束缚，将它们全部抛开，才能让心灵得到真正的轻松。

学会让自己安静，把思维沉浸下来，渐渐减少对事物的欲望；学会让自我常常归零，把每一天都当作是新的起点。遇到心情烦躁的时候，喝一杯清茶，放一曲舒缓柔和的音乐，闭眼，回味身边的人与事，慢慢梳理新的未来。这些既是一种休息，也是一种修行。

第十章 灵活变通，自在处世

灵活变通就是我们在处理各种事务时要善于变化和选择，而不是墨守和拘泥，从而达到变则通，通则灵，灵则达，达则成的理想效果。现代社会人们的生活压力也越来越大，为人处世也就变得越来越重要。我们只有灵活变通，处世才能圆满。

进退适时

龙虎寺得名于一个神奇的传说：当年无德禅师云游到此，只见这里峰峦叠翠，草木葱郁，谷静涧幽，石奇泉清，是个修禅的好地方。然而，这里山尖坡陡，巨石嶙嶙，没有一块适合建造寺院的平整之地。有一天夜里，电闪雷鸣，山风呼啸，一座小山头上，出现了一只白虎与一条乌龙。一时间，龙腾虎跃，虎啸龙吟，龙飞如电光，虎扑似疾风，一场龙争虎斗之后，大大小小的岩石被扫下深谷，山上出现了一大片平整的土地。于是，无德禅师多年辛劳换来龙虎寺的殿堂齐备，数百禅僧云集其中。

中国古人建房讲究后有靠山、前有照壁。龙虎寺的照壁建好后，弟子们为了纪念那个神奇的传说，在上面画了一幅龙争虎斗图，图上的龙游云端，盘旋将下；虎踞峰巅，作势欲引。可以说，他们画得非常好，惟妙惟肖，活灵活现，龙似生龙犹喷雾，虎如活

214

虎腋生风……然而，整幅画面组合起来，却显得生气不足。也就是说，没有画出龙虎大战的灵魂来。

经过多次修改仍不见成效，弟子们只好向无德禅师请教。无德禅师看过之后说道："你们在这里画龙画虎，对龙与虎的习性知道多少呢？飞龙在天，下击之前身躯必然向后曲缩；猛虎踞地，上扑之时虎头定要尽量压低。龙曲得越弯，向前飞腾得越快；虎伏得愈低，往上跳跃得愈高。这就是龙争虎斗的特性。"

弟子们恍然大悟："哦，原来如此！我们的龙身画得太直，龙头也太靠前了；而猛虎的头仰得太高了，应该四肢后蹲，下颚贴地，犹如箭在弦上。"

"对呀，"无德禅师说，"为人做事，参禅悟道，也是一样。经过后退几步的准备，才能跳得更远；历经谦卑的反省，才能弹射得更高。所以，你们要切记，向下是升高，退步是向前。"

"向下是升高，退步是向前……"弟子们默默地思索着师父的话。无德禅师悄悄走了。不知何时，绿树掩映的远方，似乎随风飘来一阵若有若无的吟诵声：

> 手把青苗插福田，低头便见水中天。
>
> 心地清静方为道，退步原来是向前。

人生之路，没有一定之规，唯有与时俱变方可取得成就。当进则进，当退则退，当高则高，当低则低，这样方是处世之法。

处世如水流一般

智光和尚找到华严禅师问道。华严禅师沉思良久，之后，他默然舀起一瓢水，问："这水是什么形状？"

智光和尚摇摇头："水哪有什么形状？"

华严禅师不答，只是把水倒入杯子，智光和尚恍然："我知道了，水的形状像杯子。"

华严禅师无语，又把杯子中的水倒入旁边的花瓶，智光和尚悟然："我又知道了，水的形状像花瓶。"

华严禅师摇头，轻轻提起花瓶，把水倒入一个盛满沙土的盆。清清的水便一下溶入沙土，不见了。智光和尚陷入了沉默与思索。

华严禅师低身抓起一把沙土，叹道："看，水就这么消逝了。这也是一生！"

智光和尚对华严禅师的话沉思良久，高兴地说："我知道了，您是通过水告诉我，社会处处像一个个规则的容器。人应该像水一样，盛进什么容器就是什么形状。而且，人还极可能在一个规则的容器中消逝，就像这水一样，消逝得迅速、突然，而且一切无法改变！"

智光和尚说完，眼睛紧盯着华严禅师的眼睛，他现在急于得到大师的肯定。

"是这样。"华严禅师捻须，转而又说，"又不是这样！"

说毕，华严禅师出门，智光和尚随后。在屋檐下，华严禅师俯下身，用手在青石板的台阶上摸了一会儿，然后顿住。智光和尚把手指伸向刚才华严禅师的手指所触之地，他感到有一个凹处。他迷惑，他不知道这本来平整的石阶上的"小窝"到底藏着什么玄机。

华严禅师说："一到雨天，雨水就会从屋檐落下。你看，这个凹处就是水落下的结果。"

智光和尚于是大悟："我明白了，人可能被装入规则的容器，但又像这小小的水滴，改变着这坚硬的青石板，直到破坏容器。"

华严禅师说："对，这个窝会变成一个洞！"

上善若水，水利万物而不争。为人处世要像水一样，能屈能伸，既要尽力适应环境，也要努力改变环境，实现自我。我们应该有多一点的韧性，能够在必要的时候弯一弯，转一转。太坚硬的东西容易折断，唯有那些不只是坚硬，而更多有一些柔韧的弹性的人才可以克服更多的困难，战胜更多的挫折。

柔弱居上，刚强处下

有一位老法师已 90 岁高龄。平时老法师的身体非常健康，很少得病。今年老法师的健康状况远不如从前，他时不时地吃不下饭。这一个星期以来，他高烧不退，思维已经不清晰。弟子们知道他们的老法师不久就要离开他们了，他们每个人都要轮流照顾他。今天老法师将要圆寂了，他的弟子们都守在他的床前，求教道：

"师父的病不轻啊，还有什么要传授给弟子的吗？"

法师点头，随后张开口，让弟子看，并问道："我的舌头还在吗？"

弟子回答："还在，好着呢！"

法师又问："我的牙齿还在吗？"

弟子老老实实回答。

法师又问："你们领悟到这个道理了吗？"

弟子们略有所悟地回答："因为柔软，所以舌头存在着；因为刚强，所以牙齿掉光。是这个道理吗？"

法师说："对啊，天下的道理都在这里。我已经没什么话要说了。"

柔弱居上，刚强处下。柔弱和刚强是相对的。以弱示人，往往能给自己带来好人缘，获得更多的成事机会，而处世太刚强则容易得罪人，事情往往会失败。

以不变应万变

道树禅师与弟子们辛辛苦苦建了一所寺院，这所寺院与道士的庙观为邻。道士看不惯观边的这所佛寺，因此，每天变一些妖魔鬼怪来扰乱寺里的僧众，要把他们吓走。今天风驰电掣，明天呼风唤雨，确实将不少年轻的沙弥都吓走了。可是，道树禅师却在这里一住就是十几年。到了最后，道士所变的法术都用完了，可是道树禅师还是没走。道士无法，只得将道观放弃，离他而去。

后来，有人问道树禅师说："道士法术高强，您怎能胜他呢？"

禅师说："我没有什么能胜他的，勉强说，只有一个'无'字能胜他。"

"'无'怎能胜他呢？"

禅师说："他有法术，'有'是有限、有尽、有量、有边；而我无法术。'无'是无限、无尽、无量、无边；'无'和'有'的关系，是以不变应万变。我'无变'当然会胜过'有变'了。"

以不变应万变，这是人生的哲理。只有做到随机应变，才能应付突发的情况。

殊途同归

一位禅师派他的三个徒弟去远方求学。他把他们送到路口，便吩咐他们说："从这儿往北都是通畅的大路，沿着这条大路走，不要走岔路。"

三个徒弟把师父的话牢记在心，然后辞别师父，沿着大路往北走。他们走了大约100公里，发现前面有条河流，沿河往西走半里就有一座桥。其中一位徒弟说："我们向西走半公里路，从桥上过吧？"

其他二位皱着眉头说："师父让我们一直往北走，我们怎能走弯路？"说完，他们三个互相扶着涉水而去。

过了河，又走了大约100公里，有一堵墙挡住了去路。其中一位又说："我们绕过去吧？"

另外两个仍坚持说："师父教导我们无往不胜。我们怎能违背师父的话？"

于是迎墙前进，"砰"的一声，三人碰倒在墙下。三人爬起来还互相勉励："与其违背师命苟且偷生，不如遵从师命而死。"然后又互相搀扶，向墙上撞去……

这三个徒弟在遇到问题时，没有灵活应变，只能撞墙，真是愚笨到了极点。其实，无论我们做任何事情都要有灵活性，这条路走不通，还有另外一条，只要能达到目的，走哪条路都是可以的，何必墨守成规呢？

要辩证地看待问题

一位禅师云游四海。一次，他在一个老太太家里借宿。一连几天，那个老太太都在不停地哭泣。禅师感到很纳闷，于是就问她道："你为什么整天都在哭呢？是不是有什么伤心的事，可否容我替你讲解？"

老太太说："我有两个女儿，大女儿嫁给卖布鞋的，小女儿嫁给卖雨伞的。天晴的时候，我就会想到小女儿的雨伞一定卖不出去，所以忍不住要伤心；下雨的时候呢，我就会想到大女儿，下雨天当然就没有顾客上门买布鞋啦，所以想想就要流泪。"

禅师说："原来是这么回事！你这样想不对呀！"

老太太说："母亲为女儿担心，怎么不对？我知道担心也是没有用的，但是我就是控制不了自己的情绪！"

禅师开导她说："为女儿担心是没有错，可是你为什么不为女儿开心呢？你想想，天晴的时候，你大女儿的布鞋店一定生意兴隆；下雨的时候，你小女儿的雨伞肯定十分畅销。你应该天天为她们开心才是呀，怎么会难过呢？"

老太太听完禅师的话，豁然开朗。以后每当她想到自己两个女儿的时候，无论晴天雨天她总是笑嘻嘻的。

看待问题要采用多种角度。当我们遇到困难时，更需要灵活地思考，有时候看问题时改变一个视角，事情完全就变了样，人生也就从此改变了。

致命的偏执

永嘉禅师的《证道歌》里说："镜里看形见不难，水中捉月争拈得？"这两句禅诗，自古以来，在禅林广为流传。

镜里的花，是镜前花的投影；水中的月，是天上月的投影。如果你想得到镜中的花朵、水中的月亮，那就是虚无缥缈的事情。

《摩诃僧口律》卷七记载了这样一个故事：从前，在一座山里，生活着 500 只猕猴。有一天它们来到一片树林中游玩，正玩得尽兴就到了晚上，这时一轮皎洁的明月升上了天空。

猴子们游玩的树下有一口井，正在嬉戏中的猴子们朝井中一看，发现了井里月亮的倒影。猴王对其他的猴子说："可怜的月亮，今天落到了井里，快要淹死了。让我们一起来想想办法，把它救出来，免得这个世界上晚上没了月亮，一片黑暗。"

猴子们听了，都觉得有道理。可它们很快就犯了愁：这口井看上去很深，怎样才能把月亮从里面捞出来呢？

这时猴王想出了一个主意，说："我抓住树干，你们抓住我的尾巴，这样一个抓住另一个的尾巴，一点一点往下放，我们就能捞出月亮了。"

猴子们一听，都认为这是个好主意，就依言照办，一个抓住另一个的尾巴，下到井里去。当第一个猴子刚碰到水面时，井里的月亮就变得支离破碎，任凭它怎么捞也捞不到。可是，这只猴子并没有放弃，而是继续捞，还是捞不到，就这样来来回回有好几个回合。这一次，眼看就要捞到井中月亮的时候，突然间听得一声巨响！原来是猴王抓住的那棵树干承受不住长时间的拉吊，一下子折断了。这样一来，捞月亮的猴子们全都落到了井里，活活地被淹死了。

愚痴的人将虚幻的影子当作真实，并生起贪心去追逐它，结果徒劳无功，招致了灭顶之灾。

我们从小就知道猴子捞月的故事。故事告诉我们不去清醒地分析问题，只会犯下低级的错误。无论再努力、再费尽心机或者付出高昂的代价，也不会取得成功，甚至无异于缘木求鱼，离目标越来越远。

有些事情需要"半途而废"

人生中的前进与后退没有定式。假如，生活无法让你继续前进或者连退路都难以走通，那你不妨半途而废，随缘而定。

从小我们就被父母和师长们教导做事要持之以恒。比如："只要努力，再努力，就可以达到目的。"你如果按照这样的准则做事，你常常会不断地遇到挫折和产生负疚感。由于"不惜代价，坚持到底"这一教条的原因，那些中途放弃的人，就常常被认为"半途而废"，令周围的人失望。其实，人生有些事是强求不来的，实在做不到，何不放弃？如果你死钻牛角尖不放，那么你就是放弃了其他事情上成功的机会。

"持之以恒"这个词本身并没有什么对和错，只是我们在具体问题中具体对待，不能这个办法行不通还是持之以恒，如果那样就是愚蠢了。

《思考致富》一书作者拿破仑·希尔曾经在爱迪生的实验室中访问他。爱迪生做了一万多次实验才发明了电灯。希尔问他："如果第一万次实验失败了，你会怎么办？"

爱迪生回答："我就不会在这儿与你谈话了，此刻我会把自己锁在实验室中，做第一万零一次实验。"

这个小故事被大多数谈到"进取"的演说家用作坚韧不拔的典型例证。他们会说："每次你打开电灯的时候，都可以感受到爱迪生是一个毅力非凡的人。"但我们应该感受到的是：爱迪生是用科学的方法进行发明创造的科学家。

希尔没有表达出来的，也许他认为人们可以自己领悟出来的是：爱迪生不是把同一个实验做了一万次。他做了一万个不同的实验，也就是做了一万次假设，发现不对就马上放弃。他做了一万次的半途而废。

一个推销员被客户以"再说吧"这样的轻松方式逐渐毁掉前程。他在每一次与客户洽谈业务的时候都力图操纵局面，所以客户能给他的答案只有"再说吧"。而他办公桌上的档案大多也有着"容后再议"。他日复一日地与这些客户满怀希望地联络，却毫无所获，仍以此为荣。

他的这种坚韧不拔的精神没有实用价值。收入丰厚的推销员只是尽快行动，要求客户给出明确的"是"或"不是"的答案。这样他们就不必在已接触的客户身上再花费时间和精力，而及时投身到与下一个客户的业务上去。不论你把推销讲得多么复杂，它首先是一个数字游戏。你能很快了解谁对你说"不"，你就听到更多次的"是"。

这位勤奋却自毁前程的推销员认为，只要他能坚持不懈地与这些客户一而再、再而三地联络，凭着他的执着，他的客户一定会与他达成交易。他认为自己的毅力一定会瓦解客户的拒绝。事实却不尽如人意。

执着是一种可贵的精神，但如果你坚持的东西本身有问题，那你的执着就该被称为固执。所以半途而废有时也是一种智慧。

人们常说坚持就是胜利。持之以恒的精神固然可贵，但如果我们所坚持的东西有偏颇，甚至是错误的，那坚持到底只会一错再错。我们应该牢记一句话："如果方向错了，停下来，就是前进。"世界之大，到处都有机会和选择，如果明知是错，还一条道走到黑，撞南墙了还不回头，换来的往往是追悔莫及。人生也是如此，人生允许半途而废，敢于否定自己，敢于放弃不切实际的理想，也是一种生存的智慧。

适应了才会长久

中国古代有自己的一套道德规范，有"忠"、"孝"这两面大旗，有儒家思想的正统地位，有道家思想的深刻影响。佛教若想在中国传播，不听王命不行，不讲"忠"、"孝"不行，不遵国法不行，不与儒学、道学妥协、调和也不行。所以，中国的佛教学者，绝大多数在出家以前，已经受到了儒家学说的洗礼，再经道家思想的熏化，然后再学习佛教理论。所以，号称明代佛教四大师之一的德清禅师说："为学有三要：所谓不知《春秋》，不能涉世；不精《老子》《庄子》，不能忘世；不参禅，不能出世。"他宣传"孔老即佛之化身"。

六祖慧能（也作惠能）之前，禅定修行大多讲究坐卧壁观之法，强调以坐禅为务。达摩壁观9年，终日苦坐，四祖道信"数十年中胁不至席"，五祖弘忍及弟子神秀皆以静坐苦熬为修行之法。他们无不在长夜静坐中，以"渐修"方式求解脱。

唯六祖慧能学禅不步入后尘，适应实际情况，一反传统，大胆提出"禅非坐卧"。他说："住心观静，是病非禅；长坐拘身，于理何益？"慧能曾写一偈，云：

生来坐不卧，死去卧不坐。

一具臭骨头，何为立功课？

慧能反对僵化、单一而死板的坐禅方式，是一种改革。慧能的学佛习禅的顿悟观，更加适应中国的国情，所以慧能的南禅才能

"青出于蓝而胜于蓝"。

　　学习有两种形式：一种是把别人之长与自己国家、企业、个人的具体特点结合起来，使别人之长更具适应性；另一种是不顾具体情况，生搬硬套，人云亦云，似邯郸学步，东施效颦。简单模仿，只求"形似"，反而有害。所以，模仿的目的不是东施效颦，而是要走出新路。

第十一章　心境自造，快乐常存

快乐或者烦忧，不在于你的生活中发生了什么事情，而在于你对待这些事情的态度。只要自己丢下烦恼，抛开杂念，就能求得心灵的宁境和人生的快乐。

物随心转，境由心造

古代有一个持戒僧，一生严格持戒，对自己从未放松过。

有一天晚上，持戒僧因事外出。漆黑的夜空里只有很淡的月光，借着月光，持戒僧走得非常匆忙，突然脚下好像踩着了什么东西，那东西还发出了很痛苦的叫声。持戒僧心想：这下子坏了，恐怕我踩的是一只蛤蟆吧？肯定是一只蛤蟆！天哪，我杀生了！母蛤蟆肚子里说不定还有好多仔，这下杀生无数了，持戒僧当时又惊又悔。回到寺院，他躺在床上，想着那死去的蛤蟆久久不能入眠。

后来，持戒僧好不容易睡着了，却突然看到数百只蛤蟆前来索命。持戒僧吓得大叫一声醒来，方知刚才只不过是一个噩梦。

终于等到天亮，心中不安的持戒僧急匆匆地来到昨晚的事故现场，没有看到蛤蟆可怜的尸体，却看到一只被踩烂的老茄子躺在路中央。原来如此！持戒僧长出一口气，这才放下心来。

境由心生，疑心太重的人总是杯弓蛇影，自感不安，因而，如果做到佛法中的无我、净心是非常困难的。修行者尚且如此，何况凡夫俗子。

在一座深山中，有一个平和安乐的小村庄。

有一天，村庄来了一个奇特的老人。他在众目睽睽之下，生了一把火，并且用一根棍子在碗里不停地搅拌，搅着搅着，竟然从碗中掉出一粒粒的金块来。

村里的人十分惊讶，老人说这就是炼金术，只要把一些泥土和水放在碗中搅一搅，再用火烧一烧，就会炼出金子来。

村长请求老人告诉他们秘诀。经不住村民一再地恳求，老人终于点头答应了。

老人说："在炼金的过程中，千万不可以想树上的猴子，否则就炼不出金块来。"

大家觉得很容易办到。等老人走了以后，由村长开始炼金。他一直告诉自己，不可想树上的猴子，可是越不想，偏偏猴子越是不断地浮现在眼前。

他只好交给另一个人，并一再叮咛不可想树上的猴子。

就这样，全村的人都试过了，却没有一人能炼出金子。因为树上的猴子，总是一直从他们心中跑出来。

干一件事，尤其是干一件很简单的事情，一个人能做到百分之百地完全投入是相当难的。俗谚有云："威猛的狮子，即使只是为了捕捉一只弱小的兔子，也必须全力以赴。"所以古人说："心宁则智生，智生而事成。"

大凡到过日本京碧寺的人，都会见到山门匾额上的"第一议谛"四个大字。这是一件书法杰作，吸引了许多人驻足凝视，观赏

227

盘桓。

这四个字是 200 多年前洪川大师的手迹。洪川大师只这四个字，就写了 85 遍！

洪川大师每写一字，都要精心构思，反复揣摩，真可谓呕心沥血。

然而，替他磨墨的那位弟子，却是个颇具眼力而又直言不讳的人。洪川的每一点捺，若有一点瑕疵，他都会"挑剔"出来。

"这幅写得不好。"洪川写了第一幅以后，这位弟子这么批评。

"那这一幅呢?"

"更糟，比刚才那幅还差。"弟子摇头说。

洪川是个做事一丝不苟、力求完美的人，不愿意敷衍了事。

因此，他耐着性子先后写了 84 幅"第一议谛"。

遗憾的是，没有一幅得到这位弟子的赞许。

最后，在这位"苛刻"的弟子离开片刻的时候，洪川松了一口气，心想：这下我可以避开他那双锐利的眼睛了。

于是，洪川在心无所羁的心境下，自由自在地挥就第 85 幅"第一议谛"四个大字。

他的弟子回来一看，翘起大拇指，由衷地赞叹道："精品。"

俗话说，心静自然凉。可见这个"心"在我们的生命中占据着重要的地位。然而，若想"心静"则必须先"净心"。一个整天胡思乱想、疑心重重的人是无论如何也不会净心的。这种人，即便有理想、有抱负，也很难实现，因而只能在心浮气躁中消耗残生。而那些心无旁骛、从一而终的人最终往往会走向成功。

心境不同，人生不同

镜虚禅师带着弟子满空四处云游。由于满空出家不久，还不习惯这样辛苦地在外面行走，所以，一路上嘀嘀咕咕，不是嫌行囊太重，就是要求找个地方歇会儿。

镜虚禅师总是说："再走一会儿吧，再走一会儿吧。"就是不歇，反而越走越快，满空跟在后面跑得气喘吁吁的。

有一天，师徒两人走了好长一段山路后，经过一个村庄，满空说："师父！累死我了，现在可以休息一下了吧?"正在这时，一个妇女迎面走来，镜虚突然跑过去，抓住那个妇女的双手。那个妇女吓呆了，定在那儿好长时间，好不容易回过神来，立即尖声大叫："救命啊！非礼啊！老和尚非礼啊！"

这时妇女的家人和邻居听到喊叫声急忙赶出来，果然看到镜虚在拉扯那位妇女，于是他们都义愤填膺，齐声喊打。镜虚见势不妙，赶紧松手，不顾一切地撒腿就跑。满空被这突然的变故惊呆了，愣了好一会儿才反应过来，背起行囊飞也似的跑起来！

师徒两人一路狂奔，一刻也不敢停，跑过了几条山路，见后面没人追来，看来已经摆脱他们了，两人才在附近的一条山路边上停下来。满空擦了擦额头上的汗，愤愤不平地埋怨道："师父！没想到您还这样，您安的什么心啊? 这也算参禅悟道吗? 我还是回家去吧。"

镜虚禅师既不生气，也不解释，他只是回过头来关切地问："现在，你还觉得背上的行囊重吗?"

满空如实回答道："奇怪，奔跑的时候，一点都不觉得重了。"

满空看着师父殷切的眼神，突然间有所领悟。

心境不同，感受也就不同。在奔跑过程中，由于惊慌，满空根本没有时间考虑背上的重量，所以就感觉到很轻松。在生活中也一样，如果我们选择一种安宁平和的心境，就不会有那么多烦恼了。

苏格拉底未结婚的时候，曾经和几个朋友一起住在一间只有七八平方米的小屋子里。尽管屋子很小，生活非常不便，但是，他一天到晚总是乐呵呵的。

有人问他："那么多人挤在一起，连转个身都困难，有什么可乐的呢？"

苏格拉底说："和朋友们住在一块儿，随时都可以交换思想，交流感情，这难道不是很值得高兴的事儿吗？"

过了一段时间，朋友们一个个相继成家了，先后全都搬了出去。屋子里只剩下了苏格拉底一个人，但是他每天仍然很快乐。

那人问他："你一个人孤孤单单的，有什么好高兴的？"

"我有很多书啊！一本书就是一个老师。和这么多老师在一起，时时刻刻都可以向他们请教，这怎能不令人高兴呢？"

几年后，苏格拉底也成了家，搬进了一座大楼。这座大楼有七层，他的家在最底层。底层在这座楼里的环境是最差的，上面老是往下面泼污水，丢死老鼠、破鞋子、臭袜子和杂七杂八的脏东西。那人见他还是一副自得其乐的样子，好奇地问："你住这样的房间，也感到高兴吗？"

"是呀！你不知道住一楼有多少妙处啊！比如，进门就是家，不用爬很高的楼梯；搬东西方便，不必费很大的劲儿；朋友来访容易，用不着一层楼一层楼地去叩门询问……特别让我满意的是，可以在空地上养一丛一丛的花，种一畦一畦的菜，这些乐趣，数之不尽啊！"苏格拉底情不自禁地说。

过了一年，苏格拉底把一层的房间让给了一位朋友，这位朋友家里有一个偏瘫的老人，上下楼很不方便。他自己搬到了第七层，可是每天见他仍是快快乐乐的。

那人好奇地问："先生，住七层楼是不是也有许多好处呀？"

苏格拉底说："是啊，好处多着呢！举几个例子吧：每天上下几次，这是很好的锻炼机会，有利于身体健康；光线好，看书写文章不伤眼睛；没有人在头顶干扰，白天黑夜都非常安静。"

后来，那人遇到苏格拉底的学生柏拉图，问道："你的老师总是那么快快乐乐，他每次所处的环境并不比我好呀，为什么我却没有那么多的快乐？"

柏拉图回答说："因为他和你的心境不同啊！"

所谓心境，其实就是对待生活、对待人生的一种态度，乐观的心境成就快乐的人生，悲观的心境造成阴郁的人生。聪明的你，是选择乐观呢，还是选择悲观？

拨开世上尘氛，胸中自无火焰冰竞；消却心中鄙吝，眼前时有月到风来。

生活需要乐观的态度

有一个商人总是闷闷不乐，经常独自坐在客栈的角落里喝着酒。一位禅师早已注意到了他。有一天，禅师走上前去问道："您一定遇到了什么难题，不妨说出来。让我给您帮帮忙。"

商人看了他一眼，冷冷地说："我的问题太多了，没有人能够帮我的忙。"

禅师要商人明天跟他走一趟。

第二天，商人依约前往。禅师说："走，我带你去一个地方。"

商人不知道禅师葫芦里卖的是什么药，好奇地跟着他走。

禅师领商人到荒郊野外，指着坟场对商人说："你看看吧，只有躺在这里的人，才统统是没有问题的。"商人恍然大悟。

生活中，很多人总是庸人自扰，他们不知道乐观是需要自己寻找的。尼采说过一句话："那些无法置人于死的事，只会让人更坚强。"所以，根本没有必要把一些不开心的事情总是放在心里，该过去就让它们过去。

有一次在一个演讲会场，一位男主讲人说，每当遇到挫折时，他所说的第一句话一定是："感谢上帝！"其实他并不信教。

他笑着说："我是感谢上天让我又有了更加了解自己的机会，哪里会跌跤，也就反映出自己哪里还可以更强壮，一想到可以变得更好，当然要谢天谢地了！"

这真是个自我乐观的精彩讲演，他把挫折看成是认识自我的大好机会，并愿意从中学习，让自己不断进步。

每个人都是自己最好的心理医生，想要多了解自己，就从多观察自己开始吧！

于是，任何时候都是观察自己、了解自己、自找快乐的最佳良机。

比如，你平日勤奋工作，主管却提拔了擅长交际的小王。与其大叹岂有此理，不如想想，原来自己的人际关系做得不够好，现在有机会知道这点还挺不错的，总比日后吃更大的亏时再后悔好。

232

所以在平时请自找乐观，把一切变成进步的动力，如此一来，你就能真正在生活中获益，成功当然就离你不远了。

约翰教授有句口头禅："事情还不算太糟！"表示目前的状况其实还算不错。

他常碰到这样的情形，研究进行得不顺利，做学生的去求救："怎么办？几个月的心血都毁了。"

约翰教授会花两分钟看看手上的报告，然后拍拍学生的肩，笑着说："事情还不算太糟！"接着和学生出去走走，花两个小时开导心情。于是，第二天，学生们又开心地进研究室继续工作。

有一次，约翰太太出车祸撞断了一条腿，学生们闻讯后匆匆忙忙赶到医院。没料到约翰教授仍面带微笑地回答："还有一条腿没事儿，事情还不算太糟！"

就是他这份积极乐观的态度，使他在任何困境中仍能找到值得庆幸的地方，保持热忱不致绝望，并且进一步将危机变成转机，而他的学生们也学会了这种乐观的态度。

其实，周围的每个人都有可能是自己的老师，我们自己也可能是别人的老师。从情商的角度而言，身为别人的老师，我们所能传授最宝贵的道理，恐怕就是一份永远保持的乐观了。

因此，不管发生什么挫折，原来总是想"真是糟透了！"别忘了换个角度："事情还不算太糟"，用积极乐观的态度面对未来。毕竟悲观无济于事，陷入悲观之中不能自拔，只会让情况雪上加霜，唯有乐观，才能带引出奇迹。

幸福快乐就如夕阳，人人都可以看见，但多数人的眼睛却因为望向别的地方，从而错过了机会。其实，要想实现愿望和达到成功，并彻底加强信念，试着活用乐观也是一种方法。

用舍的态度来生活

有一天，无德禅师正在院子里锄草，远远地走来三位信徒，并向他施礼，说道："人们都说信佛能够解除人生的痛苦，但我们信佛多年，却并不觉得快乐，您能告诉我们这是为什么吗？"

无德禅师放下手里的锄头，安详地看着他们，说道："想快乐并不难，但首先要弄明白人为什么活着。"

三位信徒你看看我，我看看你，都没料到无德禅师会向他们提出这样的问题。

过了一会儿，甲说："人总不能死吧！死亡太可怕了，所以人要活着。"

乙接着说："我现在拼命地劳动，就是为了年老的时候能够子孙满堂，不受饿。"

最后丙说："我可没你那么高的奢望。我必须活着，否则一家老小就会饿死。"

无德禅师笑着说："你们当然都不会快乐，因为你们活着只是由于恐惧死亡，由于等待年老，由于不得已的责任，却不是由于理想，人若失去了理想，就不可能活得快乐。"

甲、乙、丙三位信徒齐声道："那请问禅师，我们要怎样做才算是有理想的生活呢？"

无德禅师："那你们想得到什么才会快乐呢？"

甲信徒道："我认为我有金钱就会快乐了。"

乙信徒道："我认为我有爱情就会快乐了。"

丙信徒道："我认为我有名誉就会快乐了。"

无德禅师说："那我提个问题：为什么有人有了名誉却很烦恼，有了爱情却很痛苦，有了金钱却很忧虑呢？"信徒们你看看我，我看看你，无言以对。

无德禅师说："理想、信念和责任并不是空洞的，而是体现在人们每时每刻的生活中。必须改变生活的观念、态度，生活本身才能有所变化。名誉要服务于大众，才有快乐；爱情要奉献于他人，才有意义；金钱要布施于别人，才有价值，这种生活才是真正快乐的生活。"

人生在世，都有一个共同的愿望，那就是希望能够活得快乐。快乐是人人都有的愿望，但实际上并不是人人都能享有幸福快乐的人生。我们如何才会快乐？佛家以舍的思想为我们提供了相关的建议：

以舍为有。有的人整天妄想、贪求，这样的人生永远不会快乐。相反地，懂得施舍的人生，才会快乐无穷。"舍"并不是完全给人，而是一种结缘。例如，我专心听你讲话，就是与你结缘；帮你做一件事情，给你一些助力，给你一个微笑，给你一个注目礼，这些都是结缘。所以，表面上看起来你是在给人，其实是在播种福田。能够舍的人说明他的内心很富有，因为你心存感恩、有满足感，你才肯舍，才肯给人。心中有好话，才能说好话；心中有微笑，脸上才有笑容。所以"以舍为有"，才会快乐。

以忙为乐。一般人都喜欢偷闲，认为闲着是命好的表现，只有闲下来身体就会好，事实上这是错误的。现在闲了，将来的生活就会苦，所以忙才会快乐。

以勤为富。一般人都希望自己发财，其实只要勤劳肯干，就是一种财富；不勤劳，即使拥有万贯家财，也会坐吃山空，所以要

"以勤为富"。

以忍为力。佛祖之所以伟大，是因为他"难忍能忍，难行能行"。所谓"三祇修福慧，百劫修相好"，一个人能够忍，就有力量。所以我们要能忍苦、忍难，忍饥、忍饿，忍早、忍晚，要"以忍为力"，一忍万事成。

用舍来生活。我们为人处世，不光是用感情，也不光是用物质，而要用舍，舍就是智慧。比方说你有技能，你把技术传授给别人；你有哲学的思想、有好的道理语句贡献给别人，这就是舍。能用舍处世，做什么事情都是好事、都是善事，不会有副作用。

在举心动念间，千万不要存有贪欲、嗔恨、自私；不要处心积虑地算计别人。凡事能为别人着想，能用舍来思想，必能获得别人的信赖和敬重。

用平常心来生活。我们的生活里如果有平常心，吃饭的时候就能体会"一粥一饭来之不易"。那么这碗饭就会吃得很香，就觉得菜根有菜根的香味，很容易知足。如果你用不满的心情来吃的话，即使珍馐美味也不会觉得好吃。

所以用舍的态度来生活，这种生活才是真正快乐的生活。

幸福是一种感觉

已经有好几天了，慧能小和尚仍独坐寺内，闷闷不语。

师父看出了其中的玄机，也不语，微笑着领着弟子走出寺门。

门外，是一片大好的春光。

师父依旧不语，怀抱春光，打坐于万顷温暖的柔波里。

放眼望去，天地之间弥漫着清新，半绿的草芽，斜飞的小鸟，动情的河水。慧能小和尚深深地吸了口气，偷窥师父，师父正安详地打坐在山坡上，心中空无一物。

小和尚有些纳闷，不知师父葫芦里到底卖的什么药。

过了晌午，师父才起来，还是不说一句话，不打一个手势，领着弟子回到寺内。

刚到寺门，师父突然跨前一步，轻掩上两扇木门，把小和尚关在寺门外。

小和尚不明白师父的意旨，独自坐在门前，半天纳闷不语。很快，天色暗了下来，雾气笼罩了四周的山冈，树林、小溪、小鸟也渐渐变得不明朗起来。

这时，师父在寺内朗声叫他的名字，进去后，师父问："外边怎么样了呢？"

慧能答："全黑了。"

"还有什么吗？"

"什么也没了。"慧能又回答说。

"不，外边还有清风、绿草、鲜花、小鸟，等等。"

此时慧能顿悟，明白了师父的苦心，这些天笼罩在心头的阴霾一扫而空。

幸福和快乐都只是一种感觉。人生往往如此，有的人活得很黯淡，并不是因为他的生活中缺乏阳光，而是消极的心态早已把所有朝向阳光的窗户紧紧关上了。

于丹说我们的眼睛，总是看外界太多，看心灵太少。人人都希望过上幸福快乐的生活，而幸福快乐只是一种感觉，与贫富无关，同内心相连。

心就是快乐的根

在终南山的山脚下，水草丰美，环境优雅。听说在这里出产一种快乐藤，凡是得到这种藤的人，一定会喜形于色，笑逐颜开，不知道烦恼为何物。

有一个人的内心里始终都快乐不起来，他听说这里出产快乐藤，决定前往去取得它。于是，此人为了得到不尽的快乐，不惜跋千山涉万水，去找这种藤。他历尽千辛万苦，终于来到了终南山脚下。在险峻的山崖上，他找到了快乐藤。可是他虽然得到这种藤，却发现自己并没有得到预想中的快乐，反而感到空虚和失落。

这天晚上，他在山下的一座寺庙中借宿，面对皎洁的月光，他发出一声长长的叹息。一位禅师闻声而至："小伙子，你有什么难事让你这样叹息呀？"于是，他说出了心中的疑问："为什么已经得到快乐藤的我，却依然没有得到快乐呢？"

禅师听后，笑了，说："其实，快乐藤并非终南山才有，而是人人心中都有。只要你有快乐的根，无论走到天涯海角，都能得到快乐。"禅师的话让这个小伙子觉得耳目一新，就又问："什么是快乐的根呢？"

禅师就说："心就是快乐的根。"

谁都希望自己活得快快乐乐，而事实上大多数人在生命的大部分时间里都被忧郁、烦躁、焦虑、痛苦所占据。在物欲横流的时代，我们的情绪太容易被欲望所左右。佛家说："人生来是苦的，苦的根源在于各种欲望。"人都是一直处在不知足的状态下，钱多了还想再多，官做大了还想更大，房子宽了还想更宽，没出名的想出名，出了名的还想再出名……于是，对自我生存状态的否定及盲目攀比的虚荣阻断了快乐的根源。

"世上本无事，庸人自扰之。"的确，令我们生烦的都是我们自己的心。有能力制造忧愁的人，为什么没能力消除忧愁呢？只是有些时候我们不愿放弃那些美丽的诱惑罢了，结果就像蚕作茧自缚，把自己囚禁得快要窒息。

一切烦恼皆由心生。心中欲望过盛，便只能在虚幻中漂泊。欲求愈多，匮乏愈甚，人愈痛苦。无尽的贪欲会吞噬一切快乐。

用眼睛去发现快乐

一次，景岑禅师出去布道。傍晚回来的路上，他看到一个孕妇背着一只竹篓赶路。这个孕妇衣衫褴褛，脚上落满尘土，竹篓似乎很重，压得她都直不起腰来。她的左手牵着一个小女孩，右臂抱着一个更小的孩子，匆忙地赶路。

景岑禅师以为，这样沉重的生活一定会让这位妇人不堪重负，可是她的脸上却明明写着像明月一样温婉的笑容。

她只是一个普通的女人，为了生活辛苦地奔波。但是她自己有所追寻，所以不但没有觉得劳苦，反而感觉到十分充实而且快乐，能微笑着对待生活的艰辛。可见她有一种良好的心态，她的心境是平和的。

看到这些，景岑禅师非常感动，心里想："世人都能这样地生活，哪还会有什么烦恼呀？"

人们讲"世事无常"，凡事可以变好，凡事也可以变坏。面对

239

金黄般的晚霞映红半边天的情景，有人叹息："夕阳无限好，只是近黄昏。"也有人想到的却是："莫道桑榆晚，晚霞尚满天。"面对半杯饮料，有人遗憾地说："可惜只有半杯了。"有人庆幸地说："尚好，还有半杯可饮。"不同的人对同一件事有不同的看法，不同的看法必然出现不同的结果。

我们每个人都有自己的生活，都有选择精彩的人生的机会。关键在于你有没有一双发现快乐的眼睛，这是唯一一件真正属于你的权利，没有人能够控制或夺去。如果你能时时注意这件事实，你生命中的其他事情都会变得容易许多。

苏东坡在被贬谪到海南岛的时候，岛上生活孤单寂寞，与当初的飞黄腾达相比，简直判若两个世界。但苏东坡却认为，在孤岛上生活的，并非他一人；大地也是海洋中的孤岛！就像一盆水中的小蚂蚁，当它爬上一片树叶，这片树叶也是它的孤岛。所以，苏东坡觉得，只要能随遇而安，就会快乐。每当吃到当地的海产品，他都暗自庆幸自己能到海南岛来，甚至他想，如果朝中有大臣比他早来，他怎么能独自享受如此美食呢？所以，凡事能看到它有利的一面，就会觉得人生快乐无比。人生没有绝对的苦乐，只要凡事向好处想，自然能够转苦为乐。

消极的人多抱怨，积极的人多希望。消极的人等待着生活的安排，积极的人主动安排、改变生活。而积极的心态是快乐的起点，愉快地接受意想不到的任务，悦纳意想不到的变化，宽容意想不到的冒犯，做好想做又不敢做的事，获得他人所企望的发展机遇，你自然也就会超越他人。假如你让消极的思想压着自己，你就会像一个要长途跋涉的人背着无用的沉重大包袱一样，无暇欢笑。

也许你不能控制他人，但是你可以掌握自己；你不能选择容貌，但你可以展现笑容；你不能左右生活，但你可以改变心情。有一双发现快乐的眼睛，你就能成为第二个罗丹。

心境自造，你的眼睛决定了你的心境。

笑除百病

有一位老先生得了头痛、背痛之后，觉得茶饭无味、精神萎靡不振。为此，他吃了很多药也不管用。

这天听说来了一位著名的禅师。据说，此人精通医道。于是，他就去请求禅师给他看病。禅师望闻问切一番后，给他开了一张方子，让老先生去按方抓药。老先生来到药铺，给卖药的师傅递上方子。师傅接过一看，哈哈大笑，说这方子是治妇科病的，禅师犯糊涂了吧？老先生赶忙去找禅师，禅师却出门了，说是要一个多月才能回来。老先生只好揣起方子回家。回家路上，他想起糊涂禅师开糊涂方，自己竟得了"月经失调"的妇女病，禁不住哈哈大笑起来。这以后，每当想起这事，老先生就忍不住要笑。他把这事说给家人和朋友听，大家也都忍不住乐。一个月后，老先生去找禅师，笑呵呵地告诉禅师方子开错了。禅师此时笑着说，这是他故意开错的——老先生是肝气郁结，引起精神抑郁及其他病症，而笑，则是他给老先生开的"特效方"。老先生这才恍然大悟——这一个月，老先生光顾笑了，什么药也没吃，身体却好了。

俗话说："笑一笑，十年少。"的确，经常保持愉快的心情，笑口常开，是大有益于身心健康的。笑，使肌肉变得柔软，身心在极度放松的状态下，很难引起焦虑。有一位幽默专家说：只要我笑，就多一分觉醒，对这个世界更有安全感。

生活中并非到处都是顺心的事，我们要笑对生活，因为我们选择了快乐，选择了笑，笑成了我们的生活态度。我们快乐，只是因为我们想快乐；我们笑，只是因为我们认为与其哭着过，不如笑着活。